KONGTIAN KEJI
XIETONG CHUANGXIN YANJIU

# 空天科技
## 协同创新研究

董鸿波　著

北京理工大学出版社
BEIJING INSTITUTE OF TECHNOLOGY PRESS

## 图书在版编目（ＣＩＰ）数据

空天科技协同创新研究 / 董鸿波著. --北京：北
京理工大学出版社，2022.1
　　ISBN 978-7-5763-0689-7

　Ⅰ．①空… 　Ⅱ．①董… 　Ⅲ．①航空工程–技术革新②
航天工程–技术革新 　Ⅳ．①V

中国版本图书馆 CIP 数据核字（2021）第 237100 号

出版发行 / 北京理工大学出版社有限责任公司
社　　址 / 北京市海淀区中关村南大街 5 号
邮　　编 / 100081
电　　话 /（010）68914775（总编室）
　　　　　（010）82562903（教材售后服务热线）
　　　　　（010）68944723（其他图书服务热线）
网　　址 / http://www.bitpress.com.cn
经　　销 / 全国各地新华书店
印　　刷 / 三河市华骏印务包装有限公司
开　　本 / 787 毫米×1092 毫米　1/16
印　　张 / 13.5
字　　数 / 198 千字
版　　次 / 2022 年 1 月第 1 版　2022 年 1 月第 1 次印刷
定　　价 / 82.00 元

责任编辑 / 徐艳君
文案编辑 / 徐艳君
责任校对 / 周瑞红
责任印制 / 李志强

图书出现印装质量问题，请拨打售后服务热线，本社负责调换

# 摘 要

空天科技的创新发展水平是衡量一国创新能力水平的重要标志，协同创新是统筹军用和民用创新资源，提高整个国家创新能力与水平的重要途径。研究空天科技协同创新，提升我国空天科技创新发展能力与水平，对于"航天梦""强军梦""强国梦"等的实现，都有着非常重要的意义。本书运用系统科学思想，分析研究了空天科技协同创新的理论基础、历史演进、系统构成、体系构建及运行、绩效评价，提出了增强我国空天科技协同创新能力的对策，以能够为推进空天科技创新发展提供理论参考与对策建议。

**关键词：**空天科技；协同创新；创新绩效

# 目　录

　　航天是一个国家科技实力和综合实力的重要标志，也是国与国之间竞争的战略制高点。空天科技是一个国家航天实力的现实载体与集中体现，大力提升空天科技创新能力，建设先进的空天科技研发体系，是实现"航天梦"、助推"中国梦"的战略选择。协同创新，是统筹不同领域创新资源，提高整个国家的创新能力与水平的重要途径。当前学术界关于空天科技协同创新的相关研究尚处于起步阶段，还没有形成深入系统的研究成果，尤其是就军工企业创新资源与民营企业创新资源协同展开研究论述的成果更是少之又少。因此，无论是顺应协同融合的深度发展、创新驱动的加快推进，还是满足空天科技快速发展的现实需要，都迫切要求系统开展空天科技协同创新研究。

## ■ 一、研究背景

　　党的十八大以来，党和国家领导人在多个场合多次强调推动融合发展的重要性，强调它是构建一体化国家战略体系和能力的必然选择，也是实现党在新时代强军目标的必然选择，并决策部署将融合发展上升为国家战略。近几年，中央也出台了一系列文件，采取一系列政策措施，加强顶层设计，旨在推动军民融合深度发展。在这样一个大背景下，作为融合发展的重要组成部分，空天领域如何做好融合发展这篇大文章，需要深入研究；另外，在国家创新驱动发展这个大战略下，空天科技研发如何高效推进，也需要重新审视。

## （一）融合发展深入实施

随着全球利益格局的不断调整，国家间竞争的不断加剧，为了解决资源稀缺性与国防建设、经济建设不断增长需求无限性之间的矛盾，各大国纷纷采取措施，促进军民结合，一体化发展。例如，美国新近成立了一家机构[①]，旨在加强国防部与创新小组驻在地区创新企业的合作，谋求技术创新的突破点及潜在机遇，用来加速美国国防科技与武器装备，尤其是信息技术与装备的发展速度，加速新兴商用技术服务于美军装备技术革新。在加强国内军民融合与协同创新的基础上，美国国防部采取了一系列旨在加强国际科技合作的措施[②]，对全球创新资源与科技成果进行整合利用。俄罗斯为了解决军民融合过程中科研、生产和融资、销售等功能分别属于不同部门，不便于形成合力的局面，成立了集众多功能于一体的军工金融工业集团，同时增设专门负责"军转民"问题的总统顾问，加强领导。

当前，世界范围内正在掀起一场以"颠覆性技术"为引领的科技竞争潮流，例如原子级全球定位系统、神经技术、AI 芯片等。这些"颠覆性技术"，都具有典型的军民通用性，这表明，人类已经进入军民通用技术时代。在这种新特点、新局面下，作为融合发展重要领域之一的空天领域，融合发展面临许多新的机遇与挑战。抓住机遇，迎接挑战，需要在加强融合发展顶层设计的同时，加强包括空天科技协同创新等在内的各种创新体系、创新平台、创新基地建设，以确保融合深度发展这一国家战略落得下，落得实，取得实实在在的效益。

## （二）协同创新持续推进

协同创新具有汇聚创新资源、集中力量攻克共性技术、加速产业结构优化升

---

① 国防创新试验小组（Defense Innovation Unit Experimental，DIUx），其功能类似于国防部高级研究计划局（Defense Advanced Research Projects Agency，DARPA），主要设置于科技力量比较雄厚的加利福尼亚的硅谷、马萨诸塞州的波士顿等地，每一小组人数有限，主要搜集信息，负责国防部与这些地区联系。

② 代表性举措包括：国外比较试验计划（The Foreign Comparative Testing Program），主要举措是美国陆海空三军研究办公室，分别在欧洲和亚洲设立了办事处，对接美国国防部与驻在国优势技术企业之间的联系；修改《国防授权法案》，将英国、澳大利亚纳入美国国家科技工业基础体系，提升国家科技工业基础的全球化水平。

级、实现科技与经济跨越式发展的功能。作为一种新兴的创新理念与创新方式，协同创新的推进实施呈现出两个明显的特点。一是为了使协同创新驱动发展落到实处，提升整个国家创新实力，各国政府不断加大对包括创新设施和创新体系在内的各种创新活动的支持力度，重视通过协同创新将产、学、研及政府、中介机构、金融机构等联系整合成一个整体，通过跨越组织集成，实现创新效率的提升。美国工程研究合作中心、欧洲创新工学院、德国弗朗霍夫应用研究促进协会、奥地利卓越技术能力中心等，都属于这一时期成立的协同创新机构，在提升各自国家或地区技术与产业创新能力方面，都发挥了显著作用。为了适应这种趋势，从世纪之初，我国开始接连出台了一系列专项规划，加速推进协同创新平台、创新基地等协同创新载体的建设①。进入新时代后，为了充分发挥各类协同创新平台和创新基地在提升国家自主创新和基础领域创新能力中的重要作用，2017年8月，国家几部委联合发文②，强调要在基础研究与共性技术开发方面加强协同，联合攻关，以协同创新夯实自主创新能力提升的物质基础。

协同创新推进实施中的另一个重要特点是注重在产业和区域层面推进协同创新，比如推进高端制造业协同创新。党的十八大以来，在一系列政策推动下，全国各地兴起了科技、产业创新平台建设热潮，协同创新基地、中心、走廊、特区、工作站等各种名目的创新平台如雨后春笋般涌现出来。例如，四川省依托绵阳科技城高质量建立了协同技术交易中心，为技术的协同双向转移转化提供专业化服务；重庆拟建立"1+N"式的协同创新布局体系；上海市利用科技和资金优势主动与军工管理部门、军工科研院所和高校等进行战略合作，举办两用技术促进大会等，多措并举，从深度、广度上推进融合协作，推动通用科技合作研发、双向转移，并大力扶持闵行区成为协同创新产业发展集聚区。

当前，全球范围内的新一轮科技革命正在加速演进，科学探索正在从微观、

---

① 2005年8月，我国科技部等四部委颁布了《"十一五"国家科技基础条件平台建设实施意见》，正式启动我国创新平台建设工作，在随后制定的《国家中长期科学和技术发展规划纲要（2006—2020）》中，明确将创新平台建设列为第二十一个专项计划，强调采取措施加强科技基础条件建设。

② 指科技部、财政部、国家发展改革委印发《国家科技创新基地优化整合方案》，参见：科技部财政部国家发展改革委关于印发《国家科技创新基地优化整合方案》的通知［DB/OL］. http://www.most.gov.cn/tztg/201708/t20170825_134601.htm.

宏观到宇观的各个尺度上向纵深拓展，颠覆性技术不断涌现①。现代科学技术的快速发展，尤其在基础科学领域和前沿技术研究方面，单纯依靠个别研究人员或小型研究团队获取创新成果的重大突破，已经越来越困难。赢得新一轮科技革命竞争胜利，掌握主动权，构筑能够集成创新要素、汇聚创新资源的创新体系，形成协同创新群体，势在必行。对于国防科技与武器装备发展来说，应对新军事变革加剧、颠覆性技术不断涌现，更要求加快构建协同创新体系。客观地讲，无论是与世界其他国家，还是与我国整体创新体系相比，我国协同创新系统及其服务体系的建设依然缓慢，这已经成为协同创新在更高层次、更多领域和更大空间发挥作用的瓶颈之一。推动融合深度发展和创新驱动发展这两个国家战略的贯彻落实，要求加强空天科技协同创新理论与实践的相关研究，以便服务于空天科技创新发展和我国整个协同创新实践。

## （三）空天科技创新发展面临新情况

改革开放以来，尤其是进入新时代以来，我国空天科技发展取得了长足进步，空天领域军工与民用创新资源有机融合，民参军取得显著成效，有力地支撑了国家安全与发展等重大战略利益的实现。在肯定成绩的同时，也要看到我国空天科技创新发展，尤其是在动员全国创新资源协同方面还存在一系列问题。

### 1. 创新资源零散、封闭运行的问题还没有完全解决

当前，我国空天科技创新资源分布于不同部门。多年协同创新战略的实施虽然在一定程度上促进了创新资源的协同，但受制于政府机关、军队部门、行业企业、科研院所等创新主体既得利益，创新资源之间融通合作的局面还没有形成。不同领域之间、各省市地域之间以及不同产业之间创新资源的分散割裂，导致空天科技协同创新绩效水平低下。为提升整体创新能力与水平，迫切需要整合与空天科技创新发展相关的各种创新资源，通过体制机制完善、模式构建运行等多种途径手段，促进创新资源共用，创新成果共享。

---

① 中共中央国务院印发《国家创新驱动发展战略纲要》［DB/OL］．http://www.xinhuanet.com//politics/2016 - 05/19/c_1118898033.htm.

2. 协同创新的体制机制还没有完全理顺

十八大以来，针对包括空天科技研发在内的整个协同创新实践中存在的体制性障碍，中央明确提出要加快完善有利于协同创新的体制机制，构建有利于协同创新深度发展的三大体系。经过近几年全国上下齐心推进，我国协同创新在体制、体系方面有了明显进步，但产权关系不清、利益分配不均、激励机制不够等一些深层次性问题依然存在，导致包括空天科技协同创新在内的整个协同创新发展层次还不够高，形式还不够丰富，范围还不够宽广，民参军难的现象还比较普遍存在。这是就整个协同创新而言的，如果就空天科技而言，问题就更明显。近些年，随着空天领域人类探索步伐的不断加快，空天领域活动科技含量不断增加，研制难度不断增大，这些都对协同创新提出明确的要求。而现实中一方面统的力度不够，在空天科技研发中一定程度地存在各自为政、条块分割，争当主角、不甘配角的现象，使得空天科技的论证、研制、生产、评价、保障、培训、使用等各个阶段的创新力量，缺乏真正的协同创新的机遇，造成在空天科技指标体系的构成、试验评价标准的解释和认可、空天科技保障的方式等方面缺乏对工程项目的整体把握和全局考虑，进而出现降指标、增经费、拖进度的现象；另一方面，在一些具体的机制上也存在不足，如考核机制对协同创新的标准要求不高，激励机制对协同创新的促进作用不强，制度建设对协同创新的责任界定不清，等等。这些问题的存在，使得不同领域的创新主体对协同创新的积极性不高、主动性不强。要解决这些问题，需要在搞清、弄懂协同创新一般原理的基础上，结合具体领域、具体问题，深化、细化研究。空天科技研发协同创新属性强，协同创新历史长远，有着丰富的融合经验。新时代，着眼于空天科技创新发展，深化对协同创新理论，尤其是体制机制优化的研究，应该是航天人义不容辞的责任。

3. 协同创新内涵、构成要素、组织模式、运行、评价等一般性原理还没有完全搞清

协同创新是整合各种创新资源于一体的集成创新，对于加快创新进程，提升创新效能具有显著作用。近些年来，随着协同创新深度发展的推进和国家创新驱动战略的持续实施，我国在省市层面出现了众多协同创新中心或创新基地，比如中关村协同创新基地、中国（绵阳）科技城、江苏丹阳市的"国家新型工业化产

业示范基地",等等。这些创新中心和创新基地的涌现,对于提升协同创新绩效,尤其是产业层面创新绩效发挥了一定的作用。在肯定成绩的同时,也要看到创新基地和创新中心重复建设、服务质量不高、运行效率低下等问题还比较多。这些问题存在的原因是多方面的,但协同创新体系的构成要素有哪些,有哪些运行规律,影响创新系统运行效率的因素有哪些,等等,诸如此类理论问题没有搞清楚,应该是一个重要方面。提升协同创新效率,需要在吸收借鉴实践经验的基础上,加强对协同创新的相关理论研究。

总之,无论是顺应融合深度发展战略的实施、协同创新的持续推进,还是着眼于解决空天科技创新发展过程中存在的一系列现实问题,都要求开展空天科技协同创新的理论研究,以便为促进空天科技创新发展、提高国家创新资源利用效率,进而提升国家整体创新水平提供理论参考。

## ■ 二、研 究 意 义

本书着眼于提升空天科技协同创新的能力与水平,运用融合深度发展、协同创新、创新生态等理论,分析研究空天科技协同创新内涵、特征、动因、影响要素、要素构成、运行机制与模式等一般原理,结合空天科技协同创新实践,构建空天科技协同创新绩效评价指标体系,提出评价方法,对于提升空天科技协同创新绩效,促进协同创新体系的加快构建、武器装备创新发展有着积极意义。

### (一)理论意义

理论是指引实践前行的灯塔,实践的坚定源于理论的清晰。当前,理论界对于协同创新的研究还是初步的,甚至"为什么,是什么、怎么做"等基本理论问题也还没有完全搞清楚。本书以空天科技协同创新高效运行为出发点与落脚点,运用协同创新、创新生态等理论,着重回答和解决空天科技协同创新过程中的一些基本问题,一定程度上能够为协同创新体系及国家创新体系构建,提供新的视角与方向。

1. 有助于创新理论的进一步丰富与完善

实现创新驱动发展，离不开创新理论的指导。本书基于协同创新理论的空天科技协同创新式发展研究，将在继承吸收已有研究成果的基础上，在空天科技创新发展有效形式、空天科技建设更好地融入经济社会发展等方面，提出新的思路与主张，能够对创新理论的丰富发展尽到绵薄之力。

2. 有助于协同创新理论的进一步发展与完善

自国家创新体系建设工作正式启动以来，理论界对于包括融合协同创新在内的各种协同创新理论的研究热情不断提高，围绕各种创新形式的构建、运行等展开多角度分析研究。当前，理论界在协同创新功能定位、协同创新建设思路以及协同创新体系运行机制等方面，取得了一定的研究成果，达成了初步共识。但涉及协同创新运行深层的理论问题，如协同创新的体系构成、组织模式、机制体制、绩效评估等方面的研究还存在差距。创新一般性理论如此，包括空天科技在内的特殊领域的协同创新的研究更是薄弱。因此，开展空天科技协同创新的研究，将有助于协同创新理论研究内容的进一步丰富与深化。

## （二）实践意义

理论上研究清楚空天科技协同创新，最起码有以下 3 个方面的实践价值。

1. 有助于融合深度发展战略的贯彻落实

在我国，融合发展并不是一个新话题。中华人民共和国成立以来，党的历届领导集体在领导经济建设与国防建设艰辛探索中积累的宝贵经验，形成了一系列理论论述，但实践中推进效果不明显，"融"而不"合""推"而不"动"的现象普遍存在，很重要的一个原因就是缺少有效抓手，缺乏有效载体。本书在对空天科技协同创新进行演化、系统分析的基础上，有针对性地从进一步推进融合深度发展、进一步加强协同创新的统筹、进一步夯实空天科技协同创新基础等方面提出的增强空天科技协同创新绩效的政策措施和理论主张，切合空天科技协同创新实践，对于新时代融合深度发展战略的加快推动具有理论借鉴价值。

2. 有助于我国协同创新体系的加快构建

在 2018 年 3 月 12 日习近平主席的一次重要讲话中，着眼于提高国防科技自主创新能力，他明确提出要推进协同创新体系的建设。如何加快协同创新体系的建设，理论界已经有了不少研究成果，而研究空天科技协同创新，全面把握其内涵与特征、系统分析其要素构成、运行机制与运行模式、绩效评价，总结其一般规律，尤其是研究概括出几种不同的组织运行模式，对于协同创新体系，进而对于整个国家创新体系的加快构建无疑有着积极借鉴价值。

3. 有助于国家空天科技创新发展水平的提升

长期以来，受整个国家"粗放式"发展模式影响，我军武器装备创新发展水平还比较低下，表现在基础研究、前沿技术研究、颠覆性技术研究的研发投入还不够，自主可控能力还比较弱，等等。本书以空天科技协同创新研究为切入点，分析依托国家科技基础条件平台、国家自主创新示范区、国家高新技术产业开发区、国家融合创新示范区等既有资源，如何发展与增强协同创新效果；依据对协同创新内涵科学界定与功能的准确描述，分析探讨能够研制、开发、转化协同科技成果的各类组织或实体，丰富协同创新类型；研究协同创新资源如何统筹对接，高效利用；探讨基于协同创新的基础研究成果转移转化示范、科技金融支持、创新创业生态构建，等等。所有这些对于提升空天科技与国家整体科技发展水平都可以发挥促进作用。

# ■ 三、研 究 现 状

本书的研究目的是通过对协同创新的深入研究，揭示出空天领域协同创新的特殊规律，从而能够为增强空天科技协同创新绩效提供理论指导。考虑到空天科技协同创新从本质上讲是一种特殊类型的协同创新[①]，其运行必然符合协同创新的基本原理与要求，因此，研究现状的梳理侧重于国内外关于协同创新、空天科技协同创新这两者的相关研究成果。基本思路是运用科学图谱法进行分析、归类

---

① 这种特殊性源自创新主体与创新对象的特殊。空天科技协同创新的创新主体由军（军队需求管理部门、军工企业、军队科研院校等）、产、学、研、政等构成，这就不同于协同创新一般意义上的"产学研"型的创新主体；空天科技协同创新的创新对象与国防科技和武器装备发展密切相关，或者有潜在军事应用，一般协同创新的创新对象则不受此限制。

和评述，一方面掌握最新理论研究成果，为分析空天科技协同创新提供理论指导，另一方面找到当前理论研究的薄弱环节和不足，有的放矢地开展研究，力争获得理论创新上的突破。

## （一）文献研究设计

当前理论界关于协同创新的相关研究，大多采取定性的文献述评法，综述协同创新的内涵、模式、机制，以及绩效评价等问题，其研究结论的客观性难免受作者个人主观因素影响。为克服定性文献述评的这种弊端，本节运用 CiteSPaceV 知识图谱软件和 CNKI 自带的学术关注指数，力争能够较为准确、翔实地梳理出二十余年间（1998—2018）国内外协同创新研究的脉络，把握协同创新研究的总体趋势。

### 1. 研究方法与工具

科学知识图谱（Knowledge Graph），又叫知识域映射地图，是通过可以直观感受的图表、结构图等方式，形象揭示某一特定学科领域知识发展进程、核心结构、彼此关系、发展趋势的一种新兴理论。其最大的优势在于将复杂的知识文献之间的内在关系以定量化、形象化的方式展现出来。近年来，不同领域的众多学者运用此法研究梳理本领域研究文献。例如，侯海燕、刘则渊、陈悦等运用此法分析国际科学学研究热点演进趋势、热点集中领域及其发展态势；解学梅、方良秀等运用此法，对国外协同创新的研究进展进行分析，等等。

作为一种新兴方法，科学知识图谱功能的实现是数学、信息科学、计量学等众多学科领域知识与方法的综合运用，对于普通学者显然很难实际应用。于是有关领域专家开发出了便于操作和应用的知识图谱可视化软件工具，以实现科学图谱法的功能，其中在国内使用最广的是 CiteSpace。目前该软件已经发展到第三版，拓展性、简便性和可视化等特点更加明显。本书使用这一软件工具，通过对作者（Authors）、标题（Title）、关键词（Keywords）、引文情况等数据的可视化分析，揭示 1998—2018 年二十余年间国内外协同创新的研究现状、演进路径，概括协同创新的研究热点与前沿，进而找准本书研究的突破口。

2. 文献数据来源

中文文献数据主要借助中国学术期刊网络出版库。在该库以"关键词"="协同创新",期限"年"="1998—2018"进行跨库检索（最后检索日期为 2018 年 12 月 28 日），获得文献 9 459 篇。考虑到文献过多，将"关键词"替换为"篇名"，其他限定条件不变，获得文献 8 643 篇，数量同样过于庞大。鉴于此，本书采取以往中文文献综述大量采用的重点期刊检索方法搜集文献。在期刊目录的确定上，聚焦中文社会科学引文索引（CSSCI）[①]。为保证涵盖范围，增加理论研究中与其相近的两个关键词——"合作创新""战略联盟"，以表 1－1 所示条件开展文献检索，得到文献 2 885 篇。考虑到其中可能包涵访谈、书评等非学术本书，在同事协助下进行了人工剔除，最终得到 2 863 条有效数据。利用 CiteSpace 软件的附带功能对这些数据进行去重清洗，便于下一步分析。考虑到 CNKI 自带的学术关注指数功能，具有图谱直观的特性，中文文献部分图谱采用 CNKI 自动生成图谱。

表 1－1 协同创新相关研究数据获取方式

| 执行时间 | 2018 年 12 月 28 日 | |
| --- | --- | --- |
| 文献时间范围 | 1998—2018 年 | |
| 数据库来源 | CSSCI 数据库 | Web of Science |
| 文献类型 | 本书 | |
| 检索关键词 | 协同创新或合作创新或战略联盟 | Collaborative Innovation<br>Synergy Innovation<br>Coordinative Innovation |
| 检索结果 | 2 885/2 863 | 17 511/5 269/3 503/247 |

英文文献搜集自 Web of Science 数据库。搜索条件如表 1－1 所示，表中四个不同数字，是考虑到文献量过大，为保证分析质量而不断调整搜索条件得到的[②]。

① CSSCI 数据库收录了国内人文社会科学领域具有重要影响力的期刊，这些期刊具有较高的学术水平和研究价值，能够代表中国协同创新研究的主流，可以有效保证文献计量结果的科学性和准确性。

② 考虑到协同创新英文表述常用词汇包括"Synergy Innovation""Collaborative Innovation""Cooperative Innovation"，因此，具体搜索条件是：在 Web of Science 数据库设置 TS=（Synergy Innovation；Collaborative Innovation；Cooperative Innovation），语言设置为 English，文献类型为 Article，时间跨度与数据搜集时间同中文文献，共获得有效文献 17 511。为获取适当文献数量确保样本质量，进一步将文献检索来源设定为"Web of Science 核心合集"中的 SCI-EXPANDED（Science Citation Index Expanded）和 SSCI（Social Science Citation Index）两大数据库进行检索，最终得到 5 269 条期刊文献，显然，这一量还是过大，不宜作为国外协同创新的分析样本。

考虑到英语中 Collaborative Innovation 与本书研究的"协同创新"含义最为接近，本书研究中外文文献样本获得的最终搜索条件是，以 TS＝（Collaborative Innovation）、TI＝（Collaborative Innovation），其他条件不变，在"Web of Science 核心合集"数据库搜索，分别得到 3 503 篇和 247 篇，将其作为本书研究的外文文献分析源。

## （二）国内外研究总体进展

这部分以知识图谱的方法对协同创新国内外研究相关文献基本信息做简单介绍，重点对协同创新国内外研究的演进路径、热点、前沿进行梳理。

1. 协同创新研究文献概览

利用 CiteSpace 软件和 CNKI 自带功能，本书对国内外关于协同创新研究文献的发表时间分布、相关作者与机构、主要涉及领域等基本信息进行了归纳。

（1）文献发表时间分布

分析选定时间跨度内，每年度文献发布数量，通过分析数量增减判断选题受学术界关注程度，把握选题研究趋势。1998—2018 年国内外关于协同创新研究的文献发表情况如表 1－2 所示。

表 1－2 1998—2018 年国内外关于协同创新研究的文献发表情况

单位：篇

| 项目 | 1998 | 1999 | 2000 | 2001 | 2002 | 2003 | 2004 | 2005 | 2006 | 2007 | 2008 |
|------|------|------|------|------|------|------|------|------|------|------|------|
| 国内 | 38 | 46 | 123 | 34 | 56 | 34 | 34 | 56 | 78 | 111 | 113 |
| 国外 | 23 | 34 | 35 | 56 | 12 | 111 | 156 | 159 | 210 | 134 | 189 |

| 项目 | 2009 | 2010 | 2011 | 2012 | 2013 | 2014 | 2015 | 2016 | 2017 | 2018 | |
|------|------|------|------|------|------|------|------|------|------|------|---|
| 国内 | 128 | 231 | 225 | 189 | 156 | 117 | 180 | 231 | 187 | 156 | |
| 国外 | 190 | 115 | 170 | 169 | 115 | 109 | 78 | 110 | 89 | 67 | |

从表 1－2 中可以看出，2006 年以前，学术界对协同创新的关注度还不是很高，但 2010 年以后，尤其是 2012 年以后，发文量剧增，持续形成热潮。出现这种变动，一方面是因为技术创新复杂性日益提升，实践对协同创新提出了更高的

要求，另一方面是受政府政策的影响。从某种程度上讲，政府出台鼓励与支持协同创新的政策，会带来理论界研究高潮的兴起。例如，我国 2011 年后协同创新研究高潮的兴起，就与中央重视和政府政策推动有关[①]。

（2）文献发表刊物分布

表 1-3 列出了刊载协同创新研究的国内排名前 10 的期刊，从中可知，刊载协同创新研究的期刊主要来自科研管理、科技、高教等类期刊。从代表性文献的分析中可以看出，这几类期刊各有侧重，分别从知识技术创新、协同创新人才培养和产学研协同创新等角度重点刊载。其中，《科学学研究》《科研管理》《科学学与科学技术管理》等三个期刊的中心性指数均在 0.1 及以上[②]，这在一定程度上反映了这些期刊刊载的文献，研究深度和质量较高，转载率较大。

表 1-3　刊载协同创新研究的国内排名前 10 的期刊

| 期刊 | 发文量 | 被引频次 | 中心性 | 期刊 | 发文量 | 被引频次 | 中心性 |
|---|---|---|---|---|---|---|---|
| 《科技进步与对策》 | 417 | 573 | 0.05 | 《科学管理研究》 | 118 | 301 | 0.1 |
| 《科技管理研究》 | 253 | 401 | 0.08 | 《中国高教研究》 | 109 | 101 | 0.04 |
| 《中国高等教育》 | 167 | 158 | 0.01 | 《科学学研究》 | 97 | 690 | 0.3 |
| 《中国科技论坛》 | 156 | 321 | 0.07 | 《高等工程教育研究》 | 79 | 79 | 0.07 |
| 《科学学与科学技术管理》 | 138 | 519 | 0.1 | 《科研管理》 | 71 | 579 | 0.21 |

（3）文献核心作者与机构

通过网络共现方式，分析协同创新研究的核心作者及其任职机构，以了解协同创新研究群体的协作程度及科研机构的团队效应。基于 CiteSpace 软件，导入前期获得的中外文献，对 1998—2018 年国内外协同创新研究的作者（Author）、单位（Institution）进行网络合作可视化分析，可以得出国内外协同创新作者共被

---

① 2011 年 4 月 24 日，胡锦涛总书记在清华大学百年校庆上发表讲话时提出了"推动协同创新"的理念和要求，引起社会各届普遍关注；2012 年 5 月 7 日，由教育部和财政部共同研究制定并实施的《高等学校创新能力提升计划》推出，也就是"2011 计划"。以协同创新中心建设为载体的"2011 计划"的推出与持续实施，引起了国内理论界的快速跟进，形成了研究热点与高潮。

② 科学知识图谱方法研究文献时的中心性指标，是图论（Graph Theory）与网络分析（Net work Analysis）所用中心性（Centrality）指标的延伸，用来判定文献网络中期刊节点的重要性，数字越大，表明其在网络中的影响与作用越大。

引知识图①，如图 1-1 所示。

(1)　　　　　　　　　　　　　　　(2)

**图 1-1 基于共被引的国内外协同创新研究知识图谱**

结合前期文献梳理可以看出，卡内基梅隆大学的韦斯利·M. 科恩（Wesley M.Cohen）、斯坦福大学的亨利·埃茨科威兹属于国外高被引文献作者，而陈劲、何郁冰、解学梅等则属于国内协同创新研究影响比较大的学者。

2. 协同创新研究历史演化

为了了解与把握协同创新知识的演进过程，选择 CiteSpace V 软件的"Cite Reference"功能，对高被引文献的引用情况进行分析。经过调试，选择时间序列（Time Zone）视图，得到基于文献共被时间区域的协同创新研究知识图谱，如图 1-2 所示。

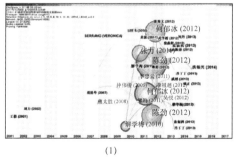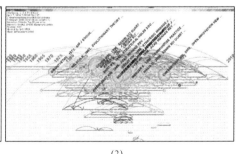

(1)　　　　　　　　　　　　　　　(2)

**图 1-2 基于文献共被引时间区域的协同创新研究知识图谱**

---

① 图 1-1 中，（1）为国内协同创新作者共被引知识图谱，CiteSpace 生成条件参见：宋伟，康卫敏. 我国协同创新研究的知识图谱分析——基于 CSSCI（1998—2017）数据［J］. 西南民族大学学报（人文社会科学版），2018（6）：226-234；（2）为国外协同创新文献共被引知识图谱，CiteSpace 生成条件参见：解学梅，方良秀. 国外协同创新研究述评与展望［J］. 研究与发展管理，2015，27（4）：16-24。

通过对图谱中出现的高被引文献及其作者的分析，可以发现协同创新演进路径。协同创新从国外提出概念，到国内形成热点，大致演进路径是：20 世纪 60 年代，美国管理学家 Ansoff 首次将协同理念引入战略管理领域，发现并揭示了通过合作的方式能够产生新效应；20 世纪 70 年代，德国著名科学家 Haken 系统论述了合作产生新效应的条件、原理、策略等，搭建起了协同学研究的理论基础，首次将合作产生的新效应明确命名为协同效应，并通俗地用"1+1＞2"的形式表示；协同学理论引入创新研究的代表性学者是美国麻省理工学院斯隆中心学者 Peter Gloor；在他之后，国内外学者围绕"协同创新"开展了一系列研究，逐渐形成了完整的协同创新理论。就国内而言，协同创新有代表性的学者是清华大学的陈劲和福州大学的何郁冰，他们在 2012 年前后集中撰文，研究论述了以产学研为代表的协同创新的理论基础与研究框架。

## （三）国内外研究重点问题

通过科学知识图谱方法，借助 CiteSpace 强大的分析和直观再现功能，本书对国内外协同创新研究过程中的核心作者、关键文献、研究热点、前沿进行了梳理，对相关信息有了初步掌握，在此基础上，根据理论演进脉络，本书有针对性地对理论界关于以下几个方面的研究展开分析。

### 1. 关于协同创新内涵

一般性理解，可以看出协同创新是协同理论与创新实践结合的产物，是协同思想、方法等应用于创新领域的产物，目的在于提升创新绩效。20 世纪 70 年代，Haken 创立现代意义上的协同学理论之后，很快有学者将协同论相关思想应用于创新领域。众多学者在研究探讨下，基本达成的共识是：协同创新就是基于共同愿景而开展的合作创新。

梳理国内外学者关于协同创新的内涵可以发现，在遵循协同创新基本思想的前提下，不同学者存在不同界定的原因，主要是各自研究侧重点或者领域的不同。例如，从参与协同创新的主体层次的不同，尤其是发挥主导作用的创新主体的级别和范围的不同，可以将协同创新分为宏观（中央或政府部门主导，协同创新属于政府与军方双重主导，属于宏观层面协同创新）、中观（产业或区域层面的协同创新）和微观（企业或者项目层面的协同创新）等三个层面。再如，根据参与协同创新的主体在生产链上下游的关系，可以分为横向协同创新与纵向协同创新，等等。

吸收借鉴理论界关于协同创新内涵的界定，本书认为协同创新是基于可能获得超额收益的考虑，包括管理类、研制生产类和服务类等在内的众多不同创新主体，以共用创新资源、共享创新成果为前提所开展的特定创新活动。总之，关于协同创新的内涵，当前理论界已经达成了一定的共识。比如，认为协同创新的本质是合作创新，是由不同参与主体通过特定的契约关系构成的复杂网络；再比如，都认为组织协同创新的目的是提升整个创新系统的创新绩效，等等。但是，如何形成一种高度认可、具有普遍意义、符合规范的定义，还需要深入研究。

2. 关于协同创新的模式

理论界关于协同创新模式的研究，主要集中在两个方面：一个方面是回答和解决协同创新模式有哪些，也就是划分的问题；另一个是模式选择问题，包括各种模式的优缺点以及选择时的原则。

目前，国内关于协同创新模式研究的文献，基本是以产学研合作创新为对象展开分析的[①]。基于功能聚类的不同，也就是合作创新目的不同，学者王章豹等将产学研合作创新划分为人才培养型、研究开发型等四种类型。在此之后，李焱焱等（2004）、王文岩等（2008）从不同角度出发，对产学研协同创新的模式进行了划分，并给出了不同模式的选择思路。具体如表1–4所示。

表1–4 基于产学研视角的协同创新模式类型及其选择因素

| 代表学者 | 划分标准 | 类型 | 决定模式类型的选择因素 |
| --- | --- | --- | --- |
| 王章豹等（2000） | 目标导向 | 人才培养型、研究开发型、生产经营型、主体综合性 | 无 |
| 李焱焱等（2004） | 主体作用发挥 | 政府主导、企业主导、大学与科研机构主导、共同主导 | 势差、需求、技术成熟度和可能的市场潜力 |

① 目前在协同创新模式研究方面，存在以产学研合作模式替代的现象。之所以会出现这种情况，很重要的一个原因是协同创新概念出现之前，理论界主要使用产学研合作这一研究术语。而2005年前后，李焱焱、王文岩等学者又对产学研合作模式的类型做出过明确划分，于是在后面的协同创新模式研究上就出现以局部代全局的现象，毕竟产学研合作仅仅是协同创新的一种类型。

续表

| 代表学者 | 划分标准 | 类型 | 决定模式类型的选择因素 |
|---|---|---|---|
| 王文岩等（2008） | 合作方式 | 技术转让、委托研究、联合攻关、内部一体化、共建科研基地、组建研发实体、人才联合培养、产业技术联盟 | 合作主体数量的多少、合作研发技术特征、合作目标的多寡 |
| 鲁若愚等（2012） | 联系紧密程度 | 技术转让、委托研究、联合攻关、内部一体化、共建基地、共建实体 | 合作主体的不同特征和不同的合作关系 |
| 杨美琴等（2014） | 技术供给者视角 | 前利益模式、后利益模式、混合模式、年度经费模式 | 技术需求与供给双方力量对比状况 |
| 王章豹等（2015） | 组织层次 | 项目式、共建式、实体式、联盟式、虚拟式 | 以中长期、紧密型、战略性协同创新组织模式为主 |
| 丁祺等（2018） | 联系紧密程度 | 项目纽带模式、协作平台模式、战略共同体模式 | 参与各方利益协调情况 |

*基于文献阅读整理所得。

　　通过文献梳理和理论分析不难发现，协同创新作为一种创新理念，以企业主体为视角，可以划分为内部协同创新与外部协同创新两大类。学者熊励（2011）、张展等（2015）认为，内部协同创新是基于创新主体内部创新要素流动所实现的创新，外部协同创新则是指跨越创新主体组织界限，在不同创新主体间进行的创新，具体包括纵向协同创新和横向协同创新。

　　以上学者的研究和论述深化了对产学研合作这种形态下协同创新如何组织实施、协同如何实现等问题的认识。深入分析可以发现，协同创新模式的多样性，从根本上讲源于协同创新本身类型的多样性。据此可以看出，产学研合作仅仅是协同创新中的一个类型——横向协同创新[①]。到此，本书可以给出基于实现途径的协同创新模式模型，如图 1-3 所示。

　　可以看出，图 1-3 给出的是一种逻辑模式，具体的实现形式，理论界已经有了相关研究成果，包括综述。学者曲洪建（2013）对要素协同进行了综述与展望，学者熊励（2011）、张展（2015）等对包括产学研合作在内的外部协同模式也做了综述。

---

　　① 纵向协同模式是指同一产业链或创新链上下游主体间开展的协同，如供应商与制造商之间的协同；横向协同模式主要是指同一大类产业中细分产业主体间的协同，包括围绕同一大类产业发展而开展的产学研合作。

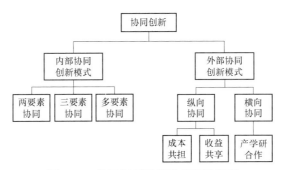

图 1-3 协同创新运行模式逻辑框架

显然，回答如何实现协同创新，无论是内部协同、外部协同，还是产学研协同之类的回答都过于宏观；研究协同创新模式，从根本上讲还是要说清协同的具体方式。基于此，国内外不少学者进行了研究与论述。Heller（1998），Santoro、Bierly（2006），Cohen（2002），张米尔、武春友等（2001），解学梅等（2014），论述了技术转让和专利合作方式的特点及其实现，指出其是一种协同创新的有效形式。Narula（2004）、Chiesa（2004）等论述了合作外包创新模式，Fiaz（2013）、Bjerregaard（2010）等论述了合作研发创新模式，指出研发协同对于企业利用外部知识与技术的优势，表明即使是竞争者之间，也可以通过合作研发提升创新效应。

上述几种协同创新模式从协同紧密程度上讲，还是属于比较松散的，往往都是一次性的，不具备持续性。随着协同创新实践的不断发展，出现了许多协同程度更高的创新模式，比如产业技术创新联盟、技术协同创新中心/平台、协同创新联盟/平台。这些模式符合现代技术与产业发展日益复杂的特点，切合不同创新参与者关切的利益，是现代技术条件下协同创新的主要实现模式。

总之，梳理现有研究文献可以看出，实践中协同创新模式单一，偏重产学研协同的问题还是比较严重的。就产学研协同创新而言，大多基于高校主导、企业主导，客户需求引导的还不是很多。基于此，以空天科技协同创新为切入点，在借鉴已有的研究成果的基础上，探索构建空天科技协同创新模式是本书研究的重点之一。

3. 关于协同创新的动力与机制

动力是指推动事物前进的力量，在协同创新研究中，可以理解为推进各创新主体协同的因素，也可以叫动因。机制是社会现象中各种组织之间的相互作用或相互联系、各种过程的因果关系等。协同创新是一个涉及多个创新主体、全新客体、多种资源的复杂系统，实践中不管采取何种模式追求协同效应和创新绩效，都离不开持续动力的推进与完善机制的保障。

（1）关于协同创新的动力

对于是什么推动协同创新，学者多从交易成本、资源稀缺、市场压力等角度研究与回答。从交易成本角度说，有的学者指出，现代创新条件下主体搜集信息等交易成本不断攀升，超过自己的生产成本时，创新主体就会去寻求降低交易成本的方式；从资源稀缺角度讲，有的学者认为协同创新实质上就是由具有能力和资源互补性不同的创新主体组成的一种互补型的战略联盟，彼此满足对稀缺资源需求的能力是推动持续创新的源泉；有的学者指出，协同创新动力不仅来自参与协同创新主体的内在需求，还来自外部环境的压力，等等。显然，以上分析侧重于宏观动力因素，也有的学者从微观层面入手分析。例如，有的学者提出协同创新的动力来自异质性，即参与创新的学校和企业等在知识和能力方面的差异；有的学者从投入要素收益角度入手，通过构建模型分析要素收益对协同创新的推动作用和形成机理。

可以看出，现有的关于协同创新动力的研究成果还是比较系统和全面的，尤其在对推进协同创新整体和宏观动因的分析方面。在协同创新过程中，参与的各创新主体是有共同利益的，学者们分析动因时都注意到了这一点，但往往没有考虑到各创新主体还有着各自的特殊利益，而这种利益是完全可能冲突的，进而会制约协同创新绩效水平的提升。目前理论界对于这种可能存在的问题没有相应的研究，提出冲突化解对策的研究成果就更少，这就要求结合空天科技协同创新实践加以研究。

（2）关于协同创新的机制

当前，学者们从知识创新、网络结构等多种视角，采用包括规范、实证等在内的多种研究方法，对协同创新机制展开研究。关于研究思路，尽管研究视角和方法不同，甚至提法与表述都有不同，但基于协同创新过程，分析动力、过程、支持等机制是当前研究协同创新机制的基本思路，如图 1-4 所示。

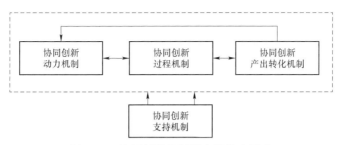

**图 1-4 协同创新机制研究的基本思路**

就动力机制而言，学者们从内外两个角度出发，构建协同创新动力机制。有的学者依据技术扩散理论将协同创新的动力系统概括为内部动力、外部动力、技术创新扩散动力和自组织动力等四个组成部分，较为全面地概括和归纳了协同创新的动力机制。学者周正等（2013）则对协同创新外部动力与内部动力的构成及其之间的关系展开论述，丰富和补充了动力机制的相关论述。产出转化直接决定协同创新成果的价值实现，因此学者们对它的研究比较微观深入。例如，有的学者基于价值实现，重点分析了市场化与非市场化产出转化机制，比较了两者的优缺点及对协同创新效应的影响。支持机制，又叫保障机制，国内学者基于技术支持、管理—技术—制度三维支持、平台建设、财政支持、政策辅助等多角度和视角入手，分析保障机制的构成及构建。

更多的研究者还是从某一角度切入，深入研究协同创新的运行机制。有的学者借鉴熵理论及耗散结构论，经过研究指出协同创新机制包括利益驱动、能力引导等四种机制；有的学者则从知识整合视角指出，协同创新机制应该包括进化适应机制、相互信任机制、协同旋进机制、互补相容机制、择优弃劣机制、利益分配机制等；有的学者基于社会与自然协同发展的视角，借鉴五重螺旋理论构建了遗传、变异、衍生和选择等协同创新机制。可以看出，关于协同创新运行的子机制的研究内容已经很丰富了，但对于协同创新中涉及的创新主体间利益协调等特殊关系的研究，还有待进一步深化。

关于协同创新机制的研究方法，除了采取规范论证的方法，不少学者采取回归分析、结构方程等定量分析工具，实证分析协同创新各因素之间的关系和作用路径。有的学者基于组织理论和技术创新理论，通过构建模型揭示知识转移过程的特性与合作关系类型之间的关系，提出了基于结构和过程两个维度的协同机制。也有的学者基于对产学案例分析提出了"要素—过程—绩效"三阶段的协同机制分析模型，指出影响协同创新的因素包括企业吸收能力、合作关系、技术特征和外部环境等四个方面，并从这四个方面揭示协同创新过程中的合作模式与合作行为。受此启发，国内也有学者采用此模型，实证分析协同创新的内在机制和作用路径。还有一些学者基于复杂性科学对协同创新进行定量化模型研究。例如，有的学者基于二维系统动力方程研究了协同创新中产学研联盟演化机制，有的学者则引入系统动力学"B-Z"反应模型，构建三维变量模型对企业主导的创新演化规律进行定量研究。

4. 关于协同创新的绩效评价

创新绩效分析是检验分析创新运行效果高低、创新机制好坏的重要途径，目的是衡量已有创新模式效果，找出存在的问题，进一步提高创新能力与水平。对于创新绩效评估的必要性，理论界没有争议，问题在于能不能以及怎么样评估。考虑到协同创新效果受内外等众多因素影响，因此有的学者认为不可能精准评估创新绩效，采取定性方法进行大致估量，是一种比较现实的方法。例如，国外就有学者（Lee，2000）提出用"行为结果"作为评估产学研协同创新绩效的指标；国内也有学者提出类似主张，提出以创新投入转化为成果的效率、创新成果产生的经济效益和合作各方满意度等三个方面的指标衡量协同创新的绩效；比较有启发性的是，有学者设计了一个涵盖不同阶段投入、创新活动、创新输出、影响力等因素在内的协同创新影响因素模型，直观反映影响因素与创新成果间关系，并以此来评估产学研协同创新的绩效。

在分析协同创新影响因素的基础上，构建协同创新绩效评估模型以进行实证分析，是大多数学者主张的正确的研究方向，这就要求对协同创新的影响因素进行分析和概括。国外学者对于协同创新影响因素的研究主要围绕企业展开，主要影响因素如表1-5所示。

表1-5 国外学者关于协同创新影响因素分析

| 协同要素 | 主要观点 | 代表性作者 |
| --- | --- | --- |
| 地理接近性机制环境 | 合作伙伴所处的地理位置、物理距离、花费的行程时间影响协同创新绩效 | Schwar 等（2012）；Tomlinson（2010）；Boschma（2005）；Fritsch，Franke（2004）等 |

| 协同要素 | 主要观点 | 代表性作者 |
|---|---|---|
| 信任 | 企业间相互信任的等级、持续的时间等与协同创新绩效正相关 | Schwar 等（2012）；Tomlinson（2010）；Fawcett，Waller（2012）；Patricia. M. Nprman（2004）；Ankrahs，Al-Tabbaao（2015） |
| 沟通 | 沟通可以加强彼此之间的感情，促进创新效率提升 | Fiazi（2013），Mora-Valentin 等（2005） |
| 政策环境 | 政府相关政策推动彼此信任与合作，有利于创新 | Zeng 等（2009）；Thorgren 等（2002）；Martinez-Roman 等（2011） |

*根据相关文献整理而成。

表 1-5 中列举的四个因素中，学者们尤其关注信任对协同创新绩效的影响。有的学者通过对各协同主体的参与动机的分析，深化对协同中信任形成的研究；有的学者通过建立模型及实证调查的方法，检验信任关系强度对协同产出的正向显著影响。另外，还有的学者提出，不同的特定的知识转移形式、大学的知识产权政策等因素都会影响产学研协同创新的绩效。

这是国外学者关于协同创新影响因素的界定。梳理国内相关文献可以发现，在影响协同创新基本因素的概括上，学者们的差别并不大，参与主体创新能力、创新的内外部环境、创新的组织模式和运行机制等是公认的可能影响协同创新绩效的因素，区别在于不同学者分析的领域不同，各因素影响权重大小不同罢了。考虑到国内对于协同创新影响因素分析松散的现状，王帮俊等（2017）基于扎根理论分析国内已有文献，最后将国内产学研协同创新绩效影响因素归结为环境因素（市场需求水平、科技成果转化水平、知识产权保护和法律法规支持等）与过程因素（科技中介服务、协同创新服务平台、信息沟通网络建设和文化价值融合情况等）两大类。像这样全面梳理协同创新影响因素的学者还占少数，更多的学者是基于某一具体因素中的一点，深入分析其对协同创新绩效的影响。例如，解学梅等（2019）基于 431 家长三角制造业企业问卷数据，运用多元线性回归，探究 TMT（高层管理团队）异质性对企业协同创新绩效的影响机理。这种基于某一因素，采取实证的方法分析创新绩效影响因素，对于深化相关认识进而改进协同创新效率，有理论与现实意义，值得学习和借鉴。

总之，梳理现有文献，可以发现关于协同创新绩效评价的方法既有定性分析，也有定量实证论证，研究内容重点在于对具体影响因素的分析，难点在于确定各影响因素影响绩效的权重，关键是构建科学合理的评价指标体系。研究协同创新的内涵与功能、系统构成、运行模式等，最终都服务于协调创新绩效的提升。基于此，可以说绩效评估分析，是任何领域研究协同创新者必须开展的一项工作。当前，理论界在协同创新绩效的影响因素、评价体系与方法等方面进行了一定的研究，但是未能形成一致意见，表现在：确定各影响因素权重的方法与标准还没有达成统一共识，评价指标体系还缺少权威性概括。

### （四）研究述评及切入点

相对于国外，国内关于协同创新的研究虽然起步较晚，但增长很快。从前面的梳理可以看出，国外协同创新研究从 20 世纪 60 年代起步，国内从 90 年代起步，两者一直处于增长周期。进入 21 世纪，随着创新和协同创新受重视程度的日益提升，国内外关于协同创新的研究进入一个新的高潮，经济学、技术创新学、管理学等众多学科都从本学科的角度出发，运用本学科特定的研究方法，对"协同创新"开展了深入研究。一些长期研究融合发展问题的专家开始将协同创新理论引入武器装备科研生产领域，形成了一些理论成果。所有这些都为在实践中推进空天科技协同创新奠定了理论基础。在肯定成绩的同时，也要看到现有的研究文献，尤其是国内的研究文献，还存在一些不足，主要表现在以下几个方面：

#### 1. 研究的系统性还不够

这集中体现在对于协同创新概念的界定和涉及领域的深入研究上。尽管国内外已经有了关于协同创新的大量文献，但协同创新的概念还未统一，有些学者在具体论述其内涵核心时，还是抓不住问题。另外，协同创新需要汇集不同领域的创新资源，在这些资源拥有者各自有着特定利益考虑的前提下，能否真正找到利益契合点，在运行过程中遇到矛盾如何协调，而不是按下葫芦浮起瓢，都需要系统性考虑，而不是仅限于某一个视角或研究领域。协同创新涉及政产学研等多个创新主体，对于每一个创新主体在整体创新体系中发挥的作用，已有研究大多只强调或企业、或高校、或政府的某一个主导作用，忽视了系统性分析每一个创新主体的作用及其发挥。

**2. 研究的规范性还不够**

这表现在大多数情况下，更多的是某个行业的案例分析、小样本分析，理性概括不够。从国内研究来讲，大多是在借鉴国外研究成果和思路基础上的一种定性分析，结合某一具体行业、领域的实际，进行数理和实证分析的还不多，相关定量的实证研究较少。比如在近几年出现的几篇研究成果中，评价指标体系的构建，随意性还比较大，能够采用数理方法确定指标权重、验证指标合理与否的还比较少。在少量采用数理方法研究的文献中，构建的计量指标多数是静态指标，无法反映协同创新的发展潜力以及隐含绩效。

**3. 空天领域协同创新方面的研究成果还比较少**

协同创新是一项系统工程，涉及一系列内外部因素。目前国内外学者对这一问题的研究刚刚开始，表现在：研究内涵、构成和功能等一般理论的研究成果比较多，研究协同创新运行机制与运行模式等深层问题的还比较少；侧重协同创新或者协同创新一个方面研究的多，能够把两者有机统一进行研究的少；静态研究的多，动态演化研究的较少，等等。特别是在智能生产与服务网络体系快速发展的背景下，以创新生态系统的视角，对协同创新体系的构建、运行机制、协同效应和体系评价等开展针对性研究的更是不足，导致新时代武器装备协同创新体系的构建缺乏有效理论指导。尤其需要看到的是，作为协同创新重点领域的空天科技协同创新，现状是，实践中主要国家正在积极采取一系列举措积极推进航天领域协同创新，但理论研究方面跟进明显不足，有权威、有深度的研究成果还没有出现。

以上理论界关于协同创新研究几个方面的不足，从理论上为本书进一步深入研究指明了方向，后续研究中将着力在深入性、系统性和规范性上下功夫。也就说，本书将在概括研究一般性的基础上，分析空天科技协同创新的特殊性，阐述其概念、特征、系统构成，分析其运行、绩效评价，结合历史与现状进行分析，有针对性地提出对策措施，为理论界进一步深入研究抛砖引玉，为决策部门制定政策指导实践提供理论参考。

## 四、研究思路、内容与方法

本书立足于融合深度发展、创新驱动深入实施的现实国情，以空天科技协同创新为研究对象，以剖析空天科技协同创新本质、揭示空天科技协同创新内在规律为研究重点，以提升空天科技协同创新能力为研究的出发点与落脚点，运用演化分析、系统分析、定性定量结合、案例分析等方法，在系统分析空天科技协同创新要素、结构、功能、运行及环境的基础上，提出融合发展背景下空天科技协同创新系统构建的总体思路，研究空天科技协同创新的运行机制、运行模式，构建空天科技协同创新绩效评价的指标体系及模型，结合空天科技协同创新存在问题，有针对性地概括出基于融合发展的空天科技创新发展能力提升的对策和建议。

### （一）研究思路

本书着眼于提升空天科技协同创新能力水平，按照"提出问题—分析问题—解决问题"的逻辑思路，开展研究。提出问题主要是本书绪论部分，通过选题背景、选题意义和国内外研究现状的分析，论述开展空天科技协同创新研究的必要性。提出问题部分是本书研究的起点，重点回答和解决"为什么"的问题；分析问题主要是本书的第二、三、四章，主要是分析界定相关概念，阐述空天科技协同创新的内涵、特征、动因，梳理空天科技融合发展的历史经验、现状问题，系统分析空天科技协同创新的要素、结构、功能、运行和环境。分析问题部分是本书研究的主体，重点回答和解决"是什么"的问题，能够为下一步解决问题提供科学的理论指导；解决问题主要包括本书的第五、六和七章，侧重回答"怎么办"的问题，具体包括回答和解决空天科技协同创新系统如何构建、系统如何运行、系统运行效果如何评价，以及如何有针对性地提升空天科技协同创新能力与水平。

### （二）研究内容

着眼于提升空天科技协同创新能力，按照研究思路，本书设置了七个方面的研究内容，从不同侧面回答和解决空天科技协同创新的相关问题。具体内容包括：

第一章，绪论。介绍空天科技协同创新研究的背景与意义，运用科学图谱法，从概念内涵、运行动力、运行模式、绩效评价等层面，梳理理论界关于协同创新研究现状，在文献述评的基础上交代本书的研究内容、研究思路和所采用的研究方法。

第二章，空天科技协同创新的基本理论。界定本书研究相关概念，阐述空天科技协同创新内涵、特征，提出空天科技协同创新概念模型，运用经济学基本原理分析空天科技协同创新动因，运用系统论思想，从主体、客体和环境三个层面概括空天科技协同创新影响因素，分析梳理概括空天科技协同创新可能涉及的几个理论，为空天科技协同创新进一步研究奠定理论基础。

第三章，空天科技协同创新的历史演化。回顾梳理我国空天科技融合发展的历程，从决策机制、创新管理等角度概括总结我国空天科技协同创新的历史经验与启示，结合当前太空领域国际竞争特点，分析空天科技创新发展面临的机遇与挑战，指出当前存在的急需解决的问题，为下一步有针对性地提出对策奠定经验与现实基础。

第四章，空天科技协同创新的系统分析。基于空天科技协同创新的复杂性，运用系统论思想，分析空天科技协同创新的要素、结构、功能、运行及环境，深层次回答和解决空天科技协同创新"是什么"的问题，为本书下面的章节研究奠定更为坚实的理论基础。

第五章，空天科技协同创新的系统构建与运行。在系统分析的基础上，立足于协同创新融合深度发展与创新驱动发展两大战略深入实施的大背景，概括提出空天科技协同创新系统构建的总体思路；按照总体思路，着眼于提升协同创新能力，对空天科技协同创新的运行模式与运行机制进行分析，提出运行模式与运行机制模型，回答和解决"怎么建""怎么运行"的问题。

第六章，空天科技协同创新的绩效评价。在分析空天科技协同创新绩效内涵及其构成的基础上，筛选空天科技协同创新绩效评价指标，构建评价指标体系，选择适合空天科技协同创新特点的运行绩效评价方法，构建空天科技协同创新绩效评价模型，并以小样本进行模型应用验证。

第七章，空天科技协同创新能力提升对策。运用前几章的研究成果，结合空天科技协同创新实践中存在的需要解决的问题，有针对性地提出空天科技协同创新能力提升的对策建议，为进一步优化与完善空天科技协同创新系统、为相关部门决策提供理论与方法支撑。

第八章，结语。对本书进行概括和总结，概括提炼本书的主要创新点，指明可能存在的不足和下一步研究的方向，以供他人参考。

本书结构安排如图 1—5 所示。

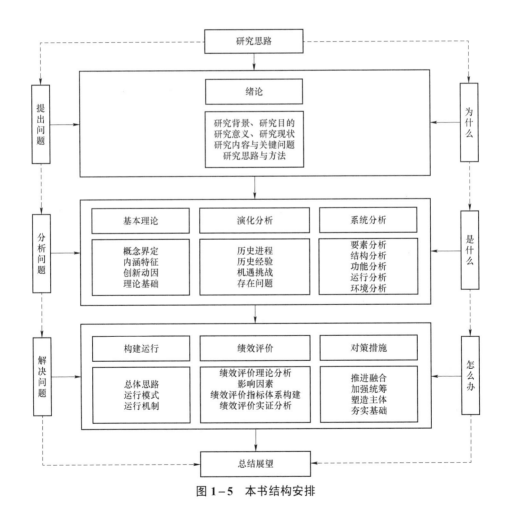

图 1-5　本书结构安排

### （三）关键理论与技术问题

本书拟着重探讨和回答的问题是：基于融合深度发展、创新驱动持续推进的大背景，如何提升我国空天科技协同创新能力与水平。回答这一问题，有赖于对以下两个问题的把握。

1. 空天科技协同创新系统的基本构成

由于涉及不同创新主体、客体与创新资源的有效整合，空天科技协同创新注定是一个复杂系统。创新系统的功能定位，决定创新系统的架构设计，而架构设计合理与否也会影响创新系统功能与作用的发挥程度。前期文献综述已经知道，在协同创新系统的基本构成上，理论界有着不同的主张。对于创新系统架构问题的重要性，当前理论界尚没有达成共识，故本书将其作为一关键理论问题来处理。

考虑到创新系统功能与架构的逻辑关系，创新系统架构的设计，也就是说空天科技协同创新系统的结构问题，最终还是要依靠准确理解协同创新的内涵与功能定位来解决。按照这一思路，本书将在第二章对空天科技协同创新的内涵与特征、动因分析的基础上，重点在第四章，运用系统论思想深入分析空天科技协同创新系统的要素、结构、功能，以及功能实现的运行与环境。

2. 空天科技协同创新的有效运行

研究空天科技协同创新，目的是提升空天科技创新发展效能，进而提升空天科技创新发展的能力与水平，最终服务于中国梦、强军梦的实现。所有这些目标能否实现，不仅取决于协同创新系统的架构科学与否，更取决于协同创新系统的平稳高效运转。因此，本书第五章、第六章主要研究和解决的问题，就是如何确保协同创新体系的有效运行。

解决的思路：一是在提出空天科技协同创新系统构建总体思路的基础上，研究概括空天科技协同创新运行模式与高效平稳运转所需要的各种机制。由于协同创新的开放性，因此参与者众多，规范参与者行为，协调、管理各方之间的关系，确保良性互动，是协同创新系统平稳高效运行必须面对和解决的重大问题。为了保证空天科技协同创新的有序运作，本书在借鉴已有研究成果的基础上，结合空天科技协同创新的特殊性，分析论述空天科技协同创新运行模式，有针对性地研究其运行机制；二是研究空天科技协同创新绩效评价，通过评价发现问题，改善创新系统运行，通过评价优胜劣汰，提高整个创新系统的运行效率。

### （四）研究方法

本书运用系统理论，按照定性与定量分析结合、规范与实证分析并重的思路与原则，开展研究工作。为了取得较好的研究效果，结合本书的研究对象确定以下几种主要研究方法。

1. 文献分析法

在本书开展研究之前，对军事装备学和管理学两个学科博士本书常用的研究方法，进行了文献研究，重点分析了国防大学往届学员本书的常用研究方法。具体开展研究后，运用知识图谱法对理论界关于协同创新的研究进行文献梳理，掌握理论的来龙去脉和最新进展，把握理论发展趋势，在充分占有资料的基础上，界定本书核心概念，分析空天科技协同创新的历史、现实、构成、运行及评价等问题。另外，每一章节，在所有相关议题展开论述之前，都先对相关议题的理论研究现状进行叙述。可以说，文献分析法是贯穿本书始终的一种研究方法，确保了本书相关研究一直能够站在理论发展的前沿。

2. 系统分析法

空天科技协同创新是不同领域、不同区域、不同性质众多创新主体共同参与的一项复杂活动。为适应研究对象这种特点，本书在研究过程中注重运用系统分析法，对空天科技协同创新活动的要素、结构、功能、运行、环境等展开系统分析。在具体分析过程中，充分考虑各因素内部构成及其彼此之间关系，考虑单个因素对整个空天科技协同创新绩效的影响，更考虑各个因素共同作用对整个空天科技协同创新绩效的影响，最后，在每一个子系统深入分析的基础上，基于整体提出对策。

3. 实地调研法

作者先后多次到航天科技和航天科工两大集团下属几家研究机构实地调研，了解空天科技协同创新现状，到原军械工程学院、装甲兵工程学院和原装备学院等院校的五家国防科技重点实验室和中关村协同创新创业基地进行实地调研，采取面谈和问卷等多种方式，了解不同创新平台条件下影响军事技术创新的因素。通过调研，对空天科技协同创新的现状有了较为清晰的把握，对不同创新平台与载体运行有了感性认识，提升了研究过程中理性分析的效率。

4. 定性与定量分析结合

空天科技协同创新是一个由众多子系统构成的开放的复杂巨系统，采取定性与定量相结合的综合集成方法是分析和解决其相关问题的有效方法。本书在研究过程中，对于空天科技协同创新的内涵、特征、动因、运行机制等理论问题的分析研究，在文献梳理的基础上，更侧重定性分析，兼顾定量分析；对于空天科技协同创新绩效评价等问题，注重理论分析、文献梳理和专家判断相结合，在提出经验性假设并通过模型验证的基础上，综合运用模糊层次分析法，合理构建空天科技协同创新评价指标体系，对创新运行绩效进行量化评估，为有关部门加强空天科技协同创新科学化、精准化管理，提供辅助支持。

# 第二章

# 空天科技协同创新的基本理论

理论是行动的先导。由于涉及范围广、领域多，目前，关于空天科技协同创新还没有形成较为完整的理论体系，甚至概念、内涵、特征、动因等这些基本的理论问题还没有完全搞清楚。本章试图回答这些问题，重点搞清楚"是什么"，另外概括一下本书中涉及的基本理论，从而为以后章节奠定理论基础。

## ■ 一、相 关 概 念

概念是事物本质的外在表述，是理论研究得以进行的前提与基础。本书研究空天科技协同创新问题，具体研究涉及空天科技、协同创新等多个领域，需要对相关概念进行准确界定，以厘清研究的内涵与外延，这是研究深入系统地展开的前提。

### （一）空天科技

简单理解，空天科技是指与人类利用空天相关的科学技术。从字面上理解，空天科技可以细分为航空科技与航天科技两大部分①。在实践中，空天科技更多

---

① 这里涉及两对范畴六个相关概念，具体为：大气层—航空—航空装备；太空—航天—航天装备。简单地讲，航空指在大气层飞行（通常有氧），典型航空装备是飞机；航天指在地球大气层外的太空中飞行（无氧），典型装备是宇宙飞船。空天飞机属于可以在大气层和太空均可运行的特殊装备。可以看出，太空是与大气层相对应的一个空间概念，是指地球大气层之外的空间，也叫宇宙空间。目前太空与大气层划分还没有明确的公认界限，近些年来，趋向于以人造卫星离开地面的最低高度 100～110 千米，为划分两者界限的依据。

用来指航天科技，往往固化体现在各种类型的航天装备上。按照技术特征与功能的不同，空天科技可以划分为进入太空科技、利用太空科技，以及控制太空科技等三大类。

分析比较可以发现，空天科技同其他科学技术相比有两个鲜明特点：一是其使用价值具有明显的二元性，也就是军民通用；二是其生产物质基础同民用航天装备具有资源同源性和技术通用性。这两个鲜明的特点使空天科技天然具备了开展融合协同创新的优势。由于进入、利用和控制太空的复杂性，空天科技具体涵盖范畴很广，空天科技协同创新必须搞清楚什么技术最关键，也就是主要技术是什么。就目前的技术水平和应用能力而言，与执行侦察与监视、弹道导弹预警、导航与目标定位、气象监测、大地测量等任务的各种遥感器和观测设备、通信设备等相关的技术，构成了空天技术的主体。

### （二）协同创新

根据汉字构词的一般性规则，不难看出协同创新是"协同"和"创新"两个词的联合。因此，可以通过界定"协同"和"创新"的方法，来准确、全面理解和把握协同创新这个本书的核心词汇。

1. 协同

包括经济学、社会学、管理学、战略学等众多学科对协同的内涵与特征、要求与原则等都做出过界定与论述。最有影响的是德国著名学者 Haken（1971）从系统论角度做出的理论阐述，他指出，协同是一种协同现象和协同效应，这种现象和效应存在于一个由大量子系统构成的复合系统中。Haken 的系统论述奠定了协同学的理论基础，在其基础上，系统科学的重要分支——协同学宣告诞生。

2. 创新

现代意义上创新是指"在新的体系里引入新的组合，是生产函数新的变化"，具体包括：引进新产品、引用新技术或新的生产方法、开辟新市场、获得独占性的原材料的新供应来源、实现企业的新组织。这一界定，是由著名创新学者、经济学家熊彼特从促进经济增长和经济发展视角出发提出的，对后续研究产生了深刻影响；不同学科从不同侧面对创新本身及其具体类型，比如技术创新、制度创新、理论创新、组织创新、自主创新、区域创新等的概念、特征等进行了界定。吸收借鉴理论界已有研究成果，本书认为空天科技建设发展中的创新是指与空天科技建设发展相关的经济主体，为了实现装备建设发展过程中价值增加或价值创造，而进行的与技术、制度、市场、组织、文化、战略等相关的有目的的创造性活动。

3. 协同创新

协同创新是协同理论与创新理论结合的产物，是协同思想、方法等应用于创新领域的产物，目的在于提升创新绩效。协同创新的经典定义是由美国麻省理工大学斯隆中心学者 Peter Gloor 给出的。Peter Gloor（2005）指出，"协同创新"是指由具有集体愿景、自我激励的人员组成网络小组，通过网络交流思路、信息及工作状况进行合作，实现共同的研究目标。这一界定揭示了协同创新的基本思想：基于共同愿景开展的合作创新。在此基础上，国内外众多学者从不同层面、不同角度给出了协同创新的不同理解。在这些研究成果的基础上，可以给出本书研究中协同创新的内涵。所谓协同创新，是指基于共同创新目标（知识、技术、产品等），各相关创新主体（政府、企业、高校、科研院所、中介机构、资本市场等）在协同机制作用下所进行的知识、技术、信息和人才、资金、基础设施等创新资源的交互与共享，以获得协同效应，实现创新突破。

"合作创新"和"创新战略联盟"是两个与"协同创新"词义相近的词汇，在实践中经常互通使用。理论上可以通过对上述这几个相近概念的区分，加深对协同创新内涵的理解，具体见表 2-1。

表 2-1　协同创新的相近概念辨析

| 概念名称 | 定义 | 创新客体 | 特点 |
|---|---|---|---|
| 合作创新 | 狭义：以技术研发为目标而开展的创新组织活动 | 技术 | 注重创新过程的互动 |
| | 广义：以形成新构思、开发新技术新产品、获得新市场等为目标而开展的创新活动 | 理念、产品、技术、市场等多个方面 | |
| 创新战略联盟 | 基于实现共同的战略目标，实力相当的两个或两个以上创新主体通过契约安排而形成的优势互补、风险共担、成果共享的合作伙伴关系 | 战略产品、战略市场 | |
| 协同创新 | 不同创新主体，为实现创新价值增值而开展的一种跨界整合活动 | 理念、产品、技术、市场等多个方面 | 注重过程协同，追求协同效应 |

作为一种新型创新理念或者说创新方式，对于协同创新内涵的把握应该突出以下四点：

一是创新主体具有多元性，是两个或者两个以上创新主体参与创新[①]。二是创新资源具有共用性。创新过程中涉及的知识、信息、技术、市场等资源是互通共用的，必须消除人为割裂，加快协同创新发展核心就在这个环节，即实现创新资源共用。三是创新成果具有共享性。要有风险共担、成果共享的机制，以调整创新主体参与的积极性，资源共用的主动性。四是创新效果具有协同性，就是要有协同效应。这也是协同创新不同于其他类型创新的最重要的一点。

在协同创新概念正式提出以前，产学研合作是学者们在研究中长期使用的一个类似的概念。显然，依据协同创新内涵的科学界定，产学研合作与协同创新两者并不能等同。严格地讲，产学研合作更突出强调的是研发中高校和科研机构作用的发挥，只能算作协同创新的一种类型或者方式。

### 4. 协同融合创新

作为本书的核心和关键词汇，近年来，理论界提出了包括融合协同创新在内的一系列概念[②]，以研究和探讨融合背景下的国防科技与武器装备发展领域科学技术创新问题。通过分析可以看出，这些概念和提法本质上并没有差别，提法区别的产生更多的是因为提出者角度、侧重点，以及提出时的具体背景不同。基于此认识，结合当前国家政策鼓励和提倡融合发展，以及协同创新逐渐成为创新发展趋势，本书中使用融合协同创新概括所要研究的问题。在吸收借鉴理论界已有研究成果的基础上，本书尝试将融合协同创新定义为：基于两用技术或武器装备创新发展，某一创新领域各相关创新主体（包括政府、军队涉装部门等管理类主体，国防军工企业、民用企业、军队和地方所属高校和科研院所等在内的研制类主体，以及中介机构、金融机构等服务类主体）在协同创新机制作用下所进

---

[①] 国内学者张钢、陈元等学者于 20 世纪 90 年代在论述技术创新时，就使用了协同创新的提法，用于指在企业技术创新过程中技术、组织、文化等的协同，在此基础上，有了后来内部协同创新的说法。因此，当前理论界关于协同创新有内部协同创新与外部协同创新之说，我们通常所讲的协同创新显然是狭义上的，只针对所谓外部协同创新，是两个或者两个以上不同创新主体之间的协同。本书中所使用的协同创新，除特殊说明外，也是狭义上的协同创新。

[②] 军民融合国防科技创新体系（游兴荣，2006），武器装备技术创新体系（刘涛），军民融合协同创新平台（威刚，曾立等，2017），军民融合协同创新体系（邵妍，2018）。

行的知识、技术、信息和人才、资金、设施等创新资源的交互与共享，以获得协同效应，实现创新突破。

作为一种特殊类型的协同创新，融合协同创新之所以不同于协同创新，主要是因为其参与主体、客体和主导力量的不同。新时代，推进协同融合深度发展，在创新领域，很重要的一点就是要推进民用企业和科研力量参与国防科技和武器装备的科研生产，成为协同创新的主体。从客体上讲，融合协同创新的创新对象必须具有典型通用性，或者具有基础性，能够对武器装备发展产生长远影响，或者直接与武器装备发展相关。正是由于其主客体的特殊性，融合协同创新体系的运行，更多依靠的应该是政府和军方需求的主导作用，而不是一般协同创新运行主要依靠的市场力量。

## ▰ 二、空天科技协同创新的内涵与特征

在空天科技、协同创新等相关概念界定的基础上，本书从内涵和特征两个层面对空天科技协同创新加以阐述，目的是对其有一个全面而深刻的理解与把握。

### （一）空天科技协同创新的内涵

在前面对空天科技、协同创新、融合协同创新等相关概念分析界定的基础上，可以给出空天科技协同创新的定义。所谓空天科技协同创新，是指围绕空天科技创新发展，空天领域各相关创新主体，在政府政策和军方需求引导与协同创新机制作用下所进行的知识、技术、信息和人才、资金、设施等创新资源的交互与共享，以获得协同效应，实现创新突破的活动。最简单的理解是，空天科技协同创新是军地多主体参与的围绕空天科技发展开展的创新活动。深入理解和把握这一概念，需要关注以下几点：

1. 本质在于融合发展

分析研究空天科技协同创新内涵，首先需要回答"是什么"这一基本问题。空天科技协同创新概念包括"融合发展"和"协同创新"两个关键词，在具体研

究时，既需要运用融合深度发展理论，也需要运用协同创新理论。这时就有一个问题需要明确：空天科技协同创新问题，从根本上讲属于融合深度发展问题，还是协同创新问题？这显然是概念界定需要交代清楚的。深入分析空天科技协同创新概念可以看出，在这两者之间，融合发展明显处于支配地位，协同创新理论的具体展开和运用必须有融合发展这个大前提。

空天科技协同创新问题从本质上讲是融合深度发展问题，提升空天科技创新发展能力与水平从根本上讲还是需要树立融合发展理念，破除协同创新资源之间流动的体制政策障碍，形成知识、技术、信息、管理等各种创新要素在军地之间双向流动、创新资源军地之间充分共享的局面。明白空天科技协同创新的根本是融合发展这一点，是后续分析和研究空天科技协同创新运行机制、构建运行模式、提出运行条件，以及进行绩效评价等的前提和基础。

2. 目的在于提升空天科技创新绩效

提出和研究空天科技协同创新问题，目的应该是多元的，而不是单一的。比如，作为推进融合深度发展的重要领域和具体举措，其实施目标或者推进目的，显然是要符合富国强军这一融合深度发展的目标，可以将统筹协调经济建设与国防建设两者之间的关系，实现富国强军作为空天科技协同创新发展的顶层目标或者说终极目标。再比如，参与企业、科研院所等不同创新主体的目的可能在于获取利润、增强自身创新实力，等等。但显然，无论是管理主体，还是企业、高校、科研院所等创新主体，有一个目标是共同，或者说各自目标的实现都会带来一个直接结果，即空天科技创新绩效水平的提升，可以将其作为空天科技协同创新的目的。一方面，空天科技是一个国家航天力量的物质载体，其发展牵涉空天领域多个部门和行业，需要加强统筹协调，调动军地各方面力量整体推进；另一方面，空天科技是前沿高端技术密集使用领域和行业，近年来随着高新技术的快速发展，空天科技呈现出快速迭代的特点，这就对集中力量加快空天科技发展提出了迫切要求。尤其要看到，近年来随着人类进入和利用太空的能力水平的提升，太空逐渐成为继陆、海、空之后人类的第四生存空间，以太空为战略竞争高地，重塑世界战略格局，颠覆未来战争形态，已经成为大国博弈的主要趋势，这就对空天科技的创新发展提出了更高的要求。空天科技自身发展特点也好，大国之间太空竞争也好，所有这些都对加快空天科技创新发展提出了明确的要求，要求站在国家层面统筹、动员军地各方创新资源协同攻关。当然，通过协同融合方式实现空天科技创新发展，也必将有力地提升整个国家的创新发展水平，有助于富国强军目标的实现。

3. 根本方法在于协同

一方面，空天科技创新发展涉及的不同部门、不同行业、不同性质企事业单位，彼此利益诉求不同，要将它们聚在一起共同致力创新，根本方法还是在于协同；另一方面，在空天科技创新活动组织实施中，各参与创新主体基于各自资源优势扮演着不同创新角色，同时也因自身创新资源劣势而对其他主体有着资源需求，这在客观上为通过协同方式组织创新奠定了基础，即通过战略协同、知识协同和组织协同等途径与办法将不同创新主体汇聚在一起，谋求"1+1>2"的协同效应的实现。具体而言，就是要瞄准航天技术发展前沿和世界军事斗争，在国家层面对分散于各个领域和行业的创新资源进行整合，围绕技术发展开展集智创新、联合攻关，逐步形成协同科技创新要素双向流动、创新成果互为转化、创新资源配置不断优化的协同创新格局；就是要着力形成以军队和政府政策为引导、以空天科技应用需求为牵引，以竞争激励、统筹协调、政策引导、创新成果转让等机制为保障的协同高效互动全要素协同创新模式。

## （二）空天科技协同创新的特征

空天科技协同创新具有国防科技创新"前沿性、先导性、带动性和对抗性"等一般性特征。空天科技协同创新是在融合发展和协同创新两个理论指导下的一种创新行为或活动。与单纯的国防科技创新、协同创新相比，空天科技协同创新呈现出明显的特点。

1. 系统性

空天科技协同创新是由许多子系统构成的复杂巨系统，依靠单个主体或单个子系统散兵作战或浅层互动很难有突破性的进展，"1+1>2"的协同效应的实现依靠的正是子系统间及其各子系统内部的协同实现的。因此，可以说系统性是空天科技协同创新最鲜明的特征。这一系统性体现在其创新活动范围覆盖航天装备全寿命周期的各个环节，既包括研制生产阶段的创新活动，也包括使用与保障阶段的创新活动，还包括退役处理阶段的创新活动，而不是仅针对一个方面或一个环节。具体如图2－1所示。

**图2－1　航天装备全寿命过程示意图**

空天科技协同创新涉及的技术范围，不是单一或某几个学科，而是离不开几乎所有现代技术支撑；体现在空间上，空天科技研制生产力量几乎覆盖我国内地全境，彼此有着明确的分工，提升创新绩效离不开彼此协作，等等。另外，空天科技协同创新系统具有明显的层级性，是一个包含技术层级、工程层级、产业层级、经济层级以及社会层级的多层级系统，同时空天科技协同创新系统又是一个包括技术、制度机制、管理、环境，以及战略等众多维度在内的系统，具有多维性①。空天科技协同创新是一个复杂巨系统，具有鲜明的系统性，这就要求在分析和解决相关问题时，要坚持系统思维，运用科学管用的方法②。

2. 动态性

动态性指空天科技协同创新体系构成会随着内外条件的变化而变化。这种变化不仅体现在参与创新的协同创新主体的变动上、创新客体的重新选择上，更体现在空天科技协同创新机制、模式等的变化上。需要指出的是，空天科技协同创新系统的动态性并不否认一定时期内运行状态的相对稳定。具体而言就是外界涨落力的作用小于既有创新范式约束力时，创新系统会按照原有模式运行，保持相

① 正是基于系统性这一特征，理论界许多学者从系统角度研究协同创新。除本书提到的系统划分方法外，有学者还提出了协同创新的空间系统、时间系统，也有学者提出协同创新系统由主体、客体、运行、环境等子系统构成。

② 在1990年1月发表于《自然研究》的一篇文章中，钱学森明确指出："现在能用的、唯一能有效处理开放的复杂巨系统（包括社会系统）的方法，就是定性定量相结合的综合集成方法。"对于综合集成方法的运用，钱学森指出，实质就是将专家群体（各种有关的专家）、数据和各种信息与计算机技术有机结合起来，把各种学科的科学理论和人的经验知识结合起来，构成一个系统，并发挥这个系统的整体优势和综合优势。

对稳定；相反，则系统动态变化，发生包括创新范式在内的一系列变化。需要进一步说明的是，即使外界涨落属于微涨落，不至于引起系统变迁而是回归，此时尽管系统回到原有状态，但系统原有结构也会得到一定程度的优化，而不是原来的简单重复。在某种程度上，这也可以算作一种动态变化。

3. 多元性

空天科技协同创新的多元性首先体现在其参与主体的多样上。比如有作为管理主体的政府和军队有关部门，有作为创新主体的军地高校和科研院所，也有作为服务和保障主体的各类中介、创新平台和协同中心，这些不同的主体尽管是为一个共同目标走到一起，但因为彼此直接利益诉求不尽相同，呈现多元化特点，于是要求在创新过程中建立完善的利益协调统筹机制，确保各主体协同一致行动，共同致力于空天科技协同创新绩效提升。空天科技协同创新的多元性更重要的是体现在其驱动力量的多元上，具体如表 2–2 所示。

表 2–2　不同领域协同创新内涵特征比较

| 概念名称 | 概念要素 |
|---|---|
| 协同创新 | 主体：两个或者两个以上；<br>客体：知识、技术、产品、市场、制度等；<br>驱动：技术创新、市场需求 |
| 武器装备协同创新 | 主体：两个或者两个以上；<br>客体：武器装备知识、技术、产品、制度等；<br>驱动：科学发现、技术创新、军事需求 |
| 空天科技协同创新 | 主体：两个或者两个以上；<br>客体：通用性强的空天科技知识、技术、产品、制度等；<br>驱动：科学发现、技术创新、市场需求、军事需求 |

也就是说，相比驱动一般性协同创新的力量源泉是技术创新与市场需求，驱动武器装备协同创新的是科学发现、技术创新和军事需求，驱动空天科技协同创新的力量除了科学发现、技术创新和军事需求，还有市场需求，因此呈现出多元化的特点。空天科技协同创新驱动力量之所以呈现出多元化的特点，主要是因为其创新客体航天装备通用性强，与之发展相关的信息、电子等技术以及人工智能等，市场需求的力量强劲，这时在强调政府与军队主导作用的同时，强调发挥市场主导作用对于确保最新技术在航天装备发展上及时应用，具有重要意义。

### 4. 高层次性

空天科技协同创新的客体，也就是协同攻关的技术，往往都是制约航天工业进一步发展的卡脖子技术，这些技术基础性和前沿性强，研制周期长，风险大，单纯依靠市场自发行为很难解决。同时，这些技术共用性强，攻克解决后技术应用收益具有明显外溢性。空天科技创新发展的这些特点，决定了依赖小范围、低层次的产学研协同很难实现技术突破。攻克制约航天产业发展的技术瓶颈，确保协同领域创新资源充分聚焦在装备建设上，要求政府和军方有关部门积极承担起协同创新发起人的角色，通过管理协同、组织协同、战略协同和文化协同等多种方式，做好创新过程中的利益分配、沟通协调、资源配置等管理制度或机制建设。总之，作为特殊领域的协同创新，空天科技协同创新是更高层次、更为复杂的协同创新，需要在融入国家创新系统的基础上，探索创新组织模式，丰富平台的具体载体，以在更高层次上构建一个跨边界组织来拓展协同融合的广度与深度。

除以上几个方面的鲜明特点外[①]，空天科技协同创新还具有一些不同于普通意义上协同创新的特点。比如，在空天科技创新发展过程中，更要突出中国航天科工、科技等军工企业的绝对主体地位。考虑到空天科技研制的特殊性（试验与任务结合），要充分发挥试验部队在空天科技研制中的作用，试验部队和作战部队要作为一个重要的主体参与到空天科技建设的协同创新中，等等。

### （三）空天科技协同创新概念模型

在对空天科技协同创新的内涵和特征把握的基础上，本书构建出了空天科技协同创新概念模型，具体如图 2-2 所示。

总之，空天科技协同创新就是基于维护与兼顾国家太空安全发展利益，在空天科技创新发展中为推进军事需求与社会需求的相互融合，进而形成不同领域创新资源协同所采取的一系列手段，所开展的一系列活动。本书对于空天科技协同

---

① 有的学者指出，武器装备发展协同创新除了具有系统性的特点，还具有开放性、自适应性等特征。本书认为这些应该已经包含在系统性特征之类，没有必要单独拿出来专门论述和分析，否则难免有逻辑混乱的感觉。

创新的基本定位是创新活动。进一步深入理解和把握空天科技协同创新，还有其他不同角度。从构成和运行角度出发界定其是一个系统，从创新管理角度出发界定其是一种创新方式，从工作开展层面界定其为指导原则、方法和措施，从制度安排角度界定其为一种体制，人们可以从不同角度研究空天科技协同创新，进而使理论呈现出多样性。

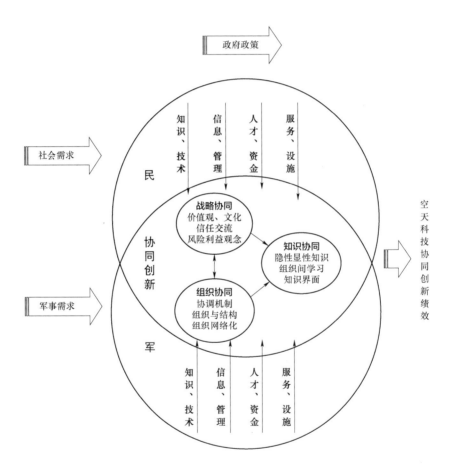

图 2-2　空天科技协同创新概念模型

## ■ 三、空天科技协同创新的动因

所谓动因，可以简单理解为为什么要进行空天科技协同创新，类似于通常所说的原因、动机。动因分析不同于功能分析，后者侧重于分析空天科技协同创新以后能够发挥什么作用。动因分析也不同于动力机制分析，后者侧重于如何设计机制以便更好地激发动力。对于融合发展的动因、协同创新动因，甚至武器装备协同创新的动因，学者们从不同的视角展开研究，已经有了相应的研究成果[①]，本书拟从经济学角度，对空天科技协同创新的动因作深入分析。

### （一）基于稀缺资源配置的动因分析

资源稀缺性与人类欲望无限性之间的矛盾是经济学产生与存在的基本前提，经济学从产生到现在涌现出的众多不同学派和经典作家，尽管其观点主张和研究重点有所不同，但都在致力回答和解决这一矛盾。从这一角度讲，推动空天科技协同创新的最基本动因就是要解决空天科技研发资源稀缺性与空天科技发展欲望无限性之间的矛盾。也就是说，如果空天科技研发方面不存在资源稀缺性，或者说空天科技军用与民用需求不强烈，那么就没有必要研究和推进空天科技领域协同创新。然而现实情况是，随着人类进入、利用太空的技术水平和能力的不断提升，维护国家太空安全利益与太空发展利益，对空天科技创新发展提出了迫切的要求，进一步加剧了这一矛盾。要解决这一矛盾，面对资源稀缺性，在既定技术水平下，势必要求管理者在满足太空安全利益和发展利益上，做出选择。就装备而言，就是要在发展军事空天科技还是发展民用空天科技上，做出选择。如果因出于维护太空安全利益而发展军事空天科技占用的资源过多，必然会影响国家

---

① 学者何郁冰指出，协同创新动因在于参与协同各方通过能力上的优势互补，在与各自需求相匹配的合作期望上达成一致。学者乔哲指出，武器装备协同创新的内在动因是主体需要与现实需求的矛盾，具体包括利益驱动、降低武器装备科研生产风险、维护军工市场合理竞争等三个方面；外在动因通过对创新主体内心的激发和促动，加速创新需求的形成和解决，具体包括日趋激烈的国际竞争、世界武器装备建设大势的推动、维护国家利益拓展，有效履行使命任务的客观需要。协同创新的动机来源于创新主体的生存、发展、自我完善的各种需要和外界客观因素刺激引发的矛盾运动。

太空发展利益的实现；而如果发展军事空天科技占用资源过少，显然不利于维护国家太空安全。总之，资源稀缺性与国家太空安全利益与发展利益主观需求之间的矛盾，使融合与协同成为必然的选择，而军事空天科技与民用空天科技研发资源同源性和技术通用性，使融合与协同成为可能。

　　上面论述的原理可以通过研发可能性曲线模型①反映出来，从而可以更形象地揭示空天科技协同创新动因，具体如图 2-3 所示。

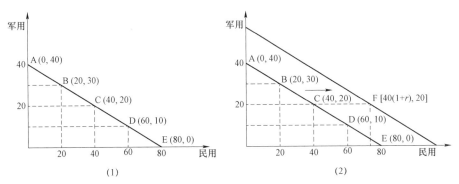

图 2-3　某国基于两种产品的研发可能性曲线及其变动

　　假定甲国在一定时间内，在技术不变的条件下，该国既定资源（假定所有资源折合为劳动力，每月拥有量 160 000 小时）可以用来研发两种用途技术：军用空天科技和民用空天科技。在不存在协同的条件下，假定这些资源全部用来研发军用空天科技，每月可以研发 40，则民用空天科技量就是 0，可以用纵坐标上的点 A（0，40）代表这一技术组合；相反，如果全部资源用来研发民用空天科技，每月可以研发 80，则军用空天科技量就是 0，可以用横坐标上的点 E（80，0）代表这一组合。以此类推，B、C、D 点代表的研发组合分别为（20，30），（40，20），（60，10）。可以把 A、B、C、D、E 构成的曲线称为甲国研发可能性边界线，具体如图 2-3 中的（1）所示。图 2-3 中的（1）上的直线 AE 反映的是分离状态下甲国研发军用与民用空天技术的最优组合，线内任意一点表示不经济，

　　① 生产可能性曲线，又称生产可能性边界（Production-Possibility Frontier），简称 PPF，通常用来表示经济社会在既定资源和技术条件下所能生产的各种商品最大数量的组合，反映了资源稀缺性与选择性的经济学特征。生产可能性边界上的点，代表在资源既定、技术不变的条件下一个国家或一个地区所能生产的两种产品的最优组合；边界以内的点代表的产品组合能够生产出来，但效率低下；边界以外的点，代表在既定资源和技术条件下，不可能生产的产品组合。在既定技术条件下，边界线的斜率是两种产品的转换率。

而线外任意一点是资源既定和技术不变条件下不能实现的研发技术组合。

其他所有假定条件不变，通过协同则可以实现既定资源条件和技术条件下甲国研发可能性曲线的外推，起到类似技术进步的作用。在这里，研发可能性曲线外推幅度取决于两种技术研发资源同源性和技术通用性的大小。如果两种技术组合研发使用资源和技术完全不同，则不存在协同可能，也就不能通过它推动该国研发可能性曲线外推。在资源同源性和技术通用性不变的条件下，外推幅度与空天技术分离研制时资源闲置率和规模效应成正比。仅以资源闲置率为例，假设甲国军用空天技术研制生产在分离状态下会存在30%的闲置率（每月折合劳动力量为48 000 小时），在协同状态下，在不影响军用空天技术研发条件下，每一研发组合的民用空天技术可以多出 2.4。规模效应作用类似，并且实践中两者还具有叠加作用，形成合力推动研发可能性曲线外推，具体如图2-3中（2）所示。可以将由两种技术研发资源同源性、技术通用性、资源闲置率、规模效应等四个因素决定的一国研发可能性曲线外推幅度叫作协同效率，简称协同率，用 $r$ 表示。显然协同率越高，研发可能性曲线外推幅度越大[1]。总之，解决资源稀缺性与人类欲望无限性之间的矛盾，提高资源配置效率，一国宏观决策者具有推进协同创新的欲望与动力。

### （二）基于比较优势发挥的动因分析

上述基于资源配置的动因分析，实际是站在整个国家视角进行的宏观分析。对于参与空天科技研制生产的微观主体而言，通过协同创新同样可以实现彼此利益增长，具体可以运用比较优势理论进行分析[2]。

---

[1] 另外，推进空天科技协同创新，可以通过两条途径控制和减少专门用于军用空天技术研制生产的费用，进而提升稀缺资源配置。一是通过协同创新，充分利用民用企业的创新资源，减少自身的科研投入；二是通过协同创新，将处于闲置状态的军用创新资源与民用共享或转移，可以在民用航天装备开发和生产中分摊成本，回收资金。

[2] 比较优势理论起源于大卫·李嘉图在1817年出版的《政治经济学及赋税原理》一书中提出的比较优势原理（Law of Comparative Advantage）。比较优势原理简单地讲就是，一个人所需要的东西，不要样样都靠自己去生产，而是应该利用其特长生产其最擅长的东西，以此与别人交换来取得所需要的产品。这样花费最少，最为有利，比自己生产个人所需要的一切东西更为有利。参见：相重光，《国际分工》经济科学出版社 1984 年版，第76页。

依据比较优势理论，随着技术进步和社会分工的不断加剧，处于不同领域和同一领域不同生产环节的生产主体，在本领域或环节由于长期积累，相对于他人都具有自己的优势，理论界通常将这种优势称为比较优势。与此相对应，每一个生产主体也就有了相应的劣势。一般而言，技术进步越快，社会生产分工越精细，比较优势和劣势效应越明显。就空天科技创新发展而言，近些年来随着人类进入和利用太空技术水平的快速增长，空天科技研制生产分工越来越细化、生产结构越来越复杂，无论是参与军用还是民用航空装备研制生产的主体，对于其劣势资源或能力的需求越来越强烈。比如国防军工企业拥有技术和设备优势，对于资金和市场信息有着强烈需求；科研机构和高校拥有基础研究、知识信息和人才优势，但资金和市场经验是其劣势；民用企业的比较优势是拥有丰富的市场信息与创新成果快速商业化的经验，拥有相对充足的创新资金和营销经验，而基础性研究和高层次研究人才不足是其劣势。随着竞争加剧，或是为增强自身实力，或是为获取利润，各主体都希望能够充分发挥自身优势，同时以某种方式满足自身发展对劣势资源的需要。方式无非是内部自我开发，或选择伙伴协同。

从交易成本角度考虑，只有双方均通过协同获取劣势资源和能力的成本低于内部开发的成本时，协同创新才会替代内部自我开发。如果仅一方条件符合，另一方不符合时，就需要政府出面采取补偿等方式，促进双方协同意愿的达成①。当然，协同创新要成为各方比较优势的发挥和劣势资源需求的满足的选择方式，还要求选择双方的利益兴趣点并达成利益分配规则。就空天科技创新发展而言，随着技术创新进程的加快，充分发挥自身比较优势的同时又满足自身对劣势资源的需求，会使越来越多的创新主体走向协同创新。

## ■ 四、空天科技协同创新的影响因素

空天科技协同创新是一个动态的复杂系统，其运行过程及运行结果必然会受

---

① 在无政府干预的条件下，航天装备研制生产中创新主体比较优势供需双方能否协同创新，还可以通过构建供需双方支付矩阵，进行博弈分析，得出的结论与这时基于交易成本分析得出的结论一致。

到一系列因素影响。吸收借鉴理论界已有研究成果的基础，本书从主体、客体和环境三个方面入手，概括分析空天科技协同创新的主要影响因素。

### （一）主体影响因素

所谓主体影响因素是指人的因素，就是指影响协同创新的来自人方面的因素。创新是由主体发动、从事和实现的活动，主体要素是创新的核心要素。人作为创新活动的实施主体，最终对协同创新绩效产生影响的是其具备的创新素质与能力。

#### 1. 创新主体知识积累

知识积累是创新主体以往学习或者直接参与创新活动积累下来的隐藏在创新主体大脑之中的隐性知识，其积累量的大小决定着协同创新的创新起点和最终能够达到的创新高度。一般来说，知识积累建立在扎实的学习和丰富的创新活动实践基础之上。一个人学习经历和创新实践越丰富，其知识积累量一般就大，这个人就可能拥有较渊博、深广的知识，进而能够形成良好的创新素质与能力。丰富的知识积累在创新活动中的作用表现在，可以使创新主体思考问题的方式从一个维度向另一个维度高效转换，实现从已知领域向陌生领域或未知领域的跨越，从而使创新主体在创新实践中迸发出较大的创造力。另外，知识积累越丰富，思考问题方式就可能越多样与灵活，也才可能提出新颖独特的解决问题的方法，而这往往是基础研究必需的素质。

#### 2. 创新主体知识结构

如果说知识积累说的是量，那么创新主体知识结构说的就是知识积累的质。创新实践证明，在相同知识积累量的前提下，不同的知识结构对于创新最终效果同样有着明显的影响。图2-4概括出了基于创新需要的创新知识结构。

一般而言，在同等知识积累量的前提下，创新主体的专业知识，也就是图2-4中最高层知识在整个知识积累中所占比重越大，其创新活力和绩效越高。在空天科技协同创新主体知识结构中，基础层是指必备的各种基本知识，是支撑中间层和最高层知识形成和巩固的必备要素，是创新研究能力形成的必要前提。中间层的知识主要是指系统的专业基础知识和相关学科知识等。显然，不同领域和专业人才，其中间层知识积累不同。在创新人才的知识结构中，中间层知识积累程度直接决定创新主体专业创新能力和素质，是创新主体最可依赖的能力生成源泉。最高层则指专业上的最新成果、专门见解、学科边缘、攻坚方向、研究动态或自己独具特色的专业知识、创新主体经验、技术诀窍等，它是空天科技协同创新主体创新能力生成的利器。在科学技术快速发展的当下，创新主体要注重通过各种方式，提升其对于专业前沿知识的把握能力，不断增强创新能力。

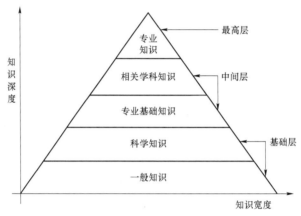

图 2-4  空天科技协同创新主体知识结构

### 3. 创新动机

创新动机可以理解为创新主体参与创新活动的原因。不同的创新动机最终表现为创新主体参与创新活动愿望的迫切程度。如果说前述知识积累、知识结构是创新主体创新能力与素质的客观基础，那么创新动机就是其创新能力与素质大小的主观条件。很明显，在相同的客观基础下，创新主体创新动机越明确，创新愿望越明确，其在创新活动中喷发活力的可能性就越大。创新主体的创新动机根据其来源，可以分为外在动机和内在动机两种。内在动机，是指基于创新主体自身需求所喷发的创新欲望，比如觉得有趣的、想获得成就感、想增强自身实力，当然获得利益的冲动也属于内在动力。外在动机，往往是迫于压力而做出的选择，比如在激励市场竞争中赢得主动地位，上级指派必须完成，等等。相比外在动机，内在动机无疑更有益于创造力的发挥。空天科技协同创新需要科研工作者对创新任务本身有着极大的兴趣和热情，只有这样才能主动积极地投入，也才能在遇到创新瓶颈时积极寻求方案，另辟蹊径打开局面。

4. 性格特征

实践证明，性格特征对创新主体的各种创新活动产生着深远的影响。学者Gough（1979）概括了外向性、愉悦性、公正严谨性、神经质、开放性等五个方面不同的性格特征对创造力的影响[①]。

Gough 研究表明，这五个方面的因素并非独立的，而是相互交织、相互影响的，共同影响和决定创新主体的创新能力。协同创新是一种与众不同的行为方式，因个人瞬间灵感爆发带来整个创新局面的打开是常有的事，也就是说协同创新结果存在偶然性，这同时也意味着没有灵感爆发可能就不会有创新成果的涌现。获取创新成果，规避创新风险对于创新主体性格特点方面提出了明显要求：要拥有良好的心理素质，要充满乐观精神，具备坚韧不拔的毅力，等等。

总之，提升空天科技协同创新绩效，必须高度重视上述与人的能力素质密切相关的因素，花大力气解决好人力资源的培训、激励和管理等问题。对于空天科技协同创新活动的开展而言，一方面，要把优秀的、有价值的人才吸引到协同创新团队中来，使之能够为创新服务；另一方面，要在激励政策方面做出必要安排，使人才能够积极主动地发挥自己的创造力和创新精神。比如，注重收入分配，通过物质财富满足个人的成就感；给一流的人才提供一流的工作、生活环境，等等。

## （二）客体影响因素

所谓客体影响因素是指协同创新所必须依赖的外部物质基础，即创新过程中除人以外的物质性资源，比如科研经费、实验用房、仪器设备和基础条件平台等物力因素。实践证明，赤手空拳、无依无靠的主体是很难进行改变对象世界的活动的，客体系统已经成为创新主体进行知识创新不可缺少的要素。

---

① 这五种性格类型是：一是外向性，其典型特征包括热情、合群、爱交际、自信、活跃、追求兴奋、积极情绪，等等；二是愉悦性，其典型特征包括信任、诚实、坦诚、利他、顺从、谦逊、质朴，等等；三是公正严谨性，其典型特征包括有能力、守秩序、负责任、追求成就、自我控制、严谨，等等；第四种是神经质，其典型特征包括焦虑、愤怒、敌意、抑郁、自我意识、冲动、脆弱、敏感，等等；第五种是开放性，其典型特征包括幻想、有美感、情感丰富、行动、观念、价值，等等。显然，这五种不同性格对创新的影响效果明显不同。

1. 科研经费

随着技术复杂程度不断提升，创新对于资金的需求越来越强烈。尤其对空天科技创新发展而言，其研制经费的投入是各项创新工作开展的必要前提，其资金需求量是一般创新行为难以想象和达到的。空天科技协同创新对象往往都是基础性和前沿性研究，创新成果的公共性强，这决定了其科研经费主要投入来自政府和军方采购。另外，空天科技军民不同领域通用之外特有军事属性的满足，也决定了其资金来源只能主要来自军费。在此基础上，市场化社会资本的引进和投入，也是空天科技协同创新应该考虑的内容，尤其是在具有明显商业化应用的技术创新成果的研制和推广方面，政府财政和军费投入要主动让位给民间资本。

2. 信息技术

在信息时代开放的条件下，信息技术是空天科技协同创新主体进行协同创新所必须依赖的资源，可以通过扩展创新视野、提高新知识收集速度等多种途径促进协同创新效率提升。可以说，在当代条件下，在获取、加工处理、存储、积累、传播和共享等知识创新各个关节点，都离不可信息技术。为了提升创新绩效，空天科技协同创新必须注重建设与使用信息基础设施，促进创新成果的不断涌现。例如，数据仓库①就是一个重要的信息技术基础设施，采用数据仓库技术可以为协同创新突破方案的拟定提供数据资料支撑，无论是对于创新经验、知识等的积累，还是对创新研究方向的选择，都有重要的支撑作用。所以，空天科技创新发展，尤其要注重对信息技术的使用。

3. 固定资产

科学仪器、实验设备、实验用房等固定资产是空天科技协同创新开展的物质基础，从某种程度上讲，科学仪器、实验设备的先进和齐全的程度直接关系到协同创新能否开展前沿领域的科研工作，进而在相当程度上决定着协同创新系统科

---

① 数据仓库由数据仓库之父比尔·恩门（Bill Inmon）于1990年提出，主要功能是将组织通过资讯系统联机事务处理（OLTP）所累积的大量资料，在数据仓库理论所特有的资料储存架构下，运用各种分析方法如联机分析处理（OLAP）、数据挖掘（DataMining），做有系统的分析整理，用以支持如决策支持系统（DSS）、主管资讯系统（EIS）的创建，帮助决策者快速有效地从大量数据资料中，分析出有价值的资讯。可以看出，数据仓库对于决策者适应快速变动的环境，及时做出决策具有重大意义。

学研究、知识创新、人才培养的水平和效率。除了科学仪器、实验设备、实验用房等这些传统的、有形固定资产会影响创新系统创新绩效外，在信息化快速发展的今天，网络科技环境、科学数据、文献资源等科技信息资源对于创新平台的知识创新也发挥着越来越重要的作用。相对传统固定资产，我国各类创新平台，甚至有些国家级重点实验室的信息科技资源匮乏，共享性差，重复购置严重，极大地影响了基础知识创新的效率。这就要求在空天科技协同创新运行中，要注重加强信息资源条件建设。

### （三）环境影响因素

空天科技协同创新涉及不同的创新主体，需要动员各种创新资源，是一个复杂的系统过程，分析研究提升其绩效必须考虑其所处的环境。所谓环境，可以简单理解为组织自身之外，能够对某一组织运行产生影响的因素。显然，能够对创新活动产生影响的环境几乎无所不包。从这一角度出发，影响空天科技协同创新的环境也应该是无限的，既包括前面分析的协同创新系统内部因素，也包括外部的所有因素。下面，结合空天科技协同创新的特点，从政府、社会和市场三个方面，对影响空天科技协同创新的因素进行分析。

1. 政策法制因素

这里的政策法制因素，主要是指会影响协同创新活动开展的财政政策（包括财政税收、财政支出两个方面）、金融政策（宽松还是紧缩的货币政策）、收入分配等政策，以及与知识产权、专利、成果转让等相关的法制制度。创新实践证明，提升空天科技协同创新绩效，必须考虑培育良好的政策和法律环境。

2. 社会文化因素

在空天科技协同创新过程中，创新主体奉行什么样的价值观、信念，以及对一些社会行为准则的遵守程度，必然会影响彼此之间的沟通交流，进而影响到创新效率。具体分析可以发现，不同的价值观、信念等对协同创新绩效影响有积极和消极两个方面。空天科技协同创新如果想获得良好的创新效果，就应该善于利用社会文化中积极的一面，尽量避免受消极因素影响，以便能够在创新活动内建立起自由、和谐、宽松的创新氛围，促进系统创新能力与水平的不断提升。

### 3. 市场环境因素

影响空天科技协同创新的市场环境因素主要与市场经济的完善程度相关，具体包括生产要素，尤其是创新要素市场形成与否，竞争程度如何，自主经营的供需主体是否形成，等等。一般认为市场经济越完善，市场竞争越激烈，创新主体彼此间进行协同的欲望就越强烈。从这一角度出发，在空天科技协同创新中，要考虑市场垄断存在的可能，积极采取措施扶持竞争对手，通过完善外部市场环境的方式提高空天科技创新发展效率。

总之，空天科技协同创新是一项系统工程，影响其效率高低、能力大小的因素是多方面的。实现空天科技创新发展，要综合考虑，因地制宜，有针对性地制定对策，以获取较高的创新效率。

## ■ 五、空天科技协同创新的理论基础

空天科技协同创新是一项复杂的系统工程，其研究涉及多种理论，比如融合深度发展理论、协同学理论、知识创新理论、武器装备生命周期理论、创新生态系统理论，等等。理解和把握这些理论是确保下一步研究的科学性和针对性的前提与基础，这里结合本书深入研究的需要，重点对以下三种理论做概括性介绍。

### （一）融合深度发展理论

融合发展内容涉及新形势下融合发展的总体目标、基本要求、战略举措，构成了关于融合深度发展的完整理论体系，是做好新时代融合发展工作的纲要，是开展空天科技协同创新研究的基本遵循。

#### 1. 总体目标

所谓总体目标，就是深入实施融合发展战略，要实现什么，达到什么境界。根据习近平同志关于融合深度发展的一系列论述，理解和把握总体目标的重点在于把握"全要素""多领域""高效益"三个关键词。

"全要素"是从微观层面描述融合深度发展目标。从微观层面讲，融合深度发展是要实现人才、资金、技术、信息、物资、管理等各种生产要素和人、武器装备、人与武器装备的结合等战斗力要素之间的紧密结合。"多领域"是从宏观层面描述融合深度发展成形后是一个什么样子。也就是说从宏观层面讲，融合深度发展是要实现武器装备科研生产、人才培养、后勤保障、动员、经济布局、基础设施以及海洋、空天、电磁网络等多个行业或领域的融合。"高效益"是从结果层面揭示融合深度发展的目标，就是要通过深度融合，使稀缺资源在军和民这两大领域能够互通互用互动，从而实现经济建设中国防效益的最大化和国防建设中经济效益最大化。

2. 基本要求

一是丰富融合形式。融合形式是实现融合的方式与载体，因此，所谓丰富融合形式，就是要实现融合方式与融合载体的多样化、丰富化。二是拓展融合范围。融合范围是指融合涉及的领域或行业。融合范围的大小是衡量融合深度发展程度的重要标尺，实现"多领域"融合目标，必须拓展融合范围。当前要在深度挖掘武器装备科研生产、人才培养、社会化保障、基础设施等几个传统领域融合空间的基础上，积极推动融合的范围向海洋、太空、信息网络、电磁空间等新兴领域全方位延伸。三是提升融合层次。融合层次的高低直接决定和影响高效益融合目标的实现。立足当前融合现状，提升融合层次，要注重在做好部门层次军地协调的基础上，更重视发挥国家的主导作用。

3. 战略举措

所谓战略举措是为了实现总体目标，依据基本要求，结合实际有针对性地提出的举措与措施。结合现阶段我国融合存在的一系列问题，应做好"四个强化"。

一是强化大局意识。这主要是针对融合实践中存在的部门利益、既得利益严重，军地之间、不同地区之间，各自只站在自己利益最大化角度考虑问题的现实提出来的，要求各级领导要提高站位，能够正确处理局部与全局、短期与长期之间的关系。二是强化改革创新。这主要是针对实践中存在的体制性障碍、结构性矛盾、政策性问题等制约融合深度发展的因素提出来的，要求加快构建组织管理、工作运行和政策制度三大体系。三是强化战略规划。这主要是针对实践中存在的顶层设计不够，融合无序、效率低下等问题提出来的。四是强化法治保障。这主要是针对融合领域长期存在的法律机制不健全提出来的，基本要求就是要在推动融合深度发展过程中，注重运用法治思维，善于运用法治方式，把法律的规范、引导、保障作用充分发挥出来。

新时代，推进空天科技协同创新，要强化大局意识、强化改革创新、强化战略规划、强化法治保障，不断丰富航天领域融合形式、拓展融合范围、提升融合层次，从而确保航天领域全要素、多领域、高效益融合深度发展格局的形成。

## （二）协同学理论

按照协同学理论创始人 H. 哈肯的界定，协同学是处理复杂系统的一种策略，而所谓复杂系统是指由相互间以一种复杂的方式作用的许多单元所组成的系统。空天科技协同创新涉及军地多个部门，受宏观微观多种因素影响与制约，是一个涵盖众多要素的复杂系统。因此，可以将协同学作为本书研究的重要理论基础。协同学理论自身内容丰富，可以重点关注不稳定性、序参量和役使过程这三大基本原理。

### 1. 不稳定性原理

相对而言，在稳定与不稳定两种状态中，协同学更关注的是系统的不稳定状态，重点分析研究的是临界状况下决定系统变动方向的因素。协同学描述系统不稳定状态经常使用到两个概念——相变与涨落。协同学中的相变一般是指子系统不同聚集状态的转变，这种转变往往是突然发生的。在相变之前，各个子系统之间的关联很弱，相变后，也就是系统出现新的结构或类型后，各子系统之间的关联得到加强。可以看出，相变，也就是系统聚集状态转变的发生，是控制参量主导下子系统协同作用的结果。协同学理论中的涨落指的是系统宏观总量指标瞬时偏离平均值，沿平均值上下波动的现象。协同学理论认为，导致涨落，也就是系统不稳定的原因有三个方面：系统中子系统的独立运行、子系统间局部协作，以及外在环境随机波动。考虑到涨落是系统的一种经常状态，无非幅度大小不同而已，因此，协同学研究和关注的涨落是当系统进入相变临界点时，由前述三个因素导致的涨落。这时由各个子系统发起的每一个涨落，都可能决定整个系统的发展方向，最终发挥作用的涨落是能够得到大多数子系统很快响应的涨落。协同学理论将这种涨落称为巨涨落。协同学理论认为，涨落是形成有序结构的动力，涨落是有序之源。

受不稳定原理启发，可以发现空天科技协同创新系统的形成与运行同样是一个由无序走向有序的相变过程，在这一过程中，依靠市场自发作用，引起的往往仅是军或民创新子系统内部的相变。推进协同，必须有政府和军队发挥控制参量作用。同样在空天科技协同创新过程中，涨落随时发生，作为管理者，应重点关注会引起整个系统不稳定的巨涨落，要关注体现巨涨落内容的序参量，懂得因势利导，推动协同创新系统转化升级，螺旋式上升。

2. 序参量原理

序参量无疑是协同学的核心概念，其内涵揭示了协同学理论的核心原理。依据协同学理论，序参量是指引起系统不稳定的一系列参量中，能够导致相变与涨落出现的参量。显然，序参量是系统中，尤其是系统处于临界状态时，能够决定系统宏观结构的关键参量。从这一角度讲，序参量与相变和涨落相伴而生。从相变角度讲，序参量的出现，标志着系统聚集状态的转变，从涨落角度讲，序参量就是巨涨落的内容。从某种程度上讲，巨涨落能够引起大多数子系统很快响应，就是因为其代表的序参量能够被大多数子系统接受。也就是说，每一个子系统发起的涨落都有其内容——序参量，而只有巨涨落的内容，也就是其序参量才能够成为支配系统的序参量。根据 H.哈肯的观点，在系统运行中，序参量起着双重作用：它通知各元素如何行动，又告诉观察者系统的宏观有序态情况。序参量原理反映了在系统转换过程中，有一系列序参量，只有经过各参与方共同认可和接受的序参量，才是指导系统运行的序参量。

3. 役使原理

简单地讲，役使原理反映的是在决定系统临界点变动方向的众多因素中，不是所有因素都发挥同等作用，而是有主次之分，这个发挥主要作用的因素就是序参量，其他变量因素都是接受序参量役使的伺服变量。这是一种情况。还有一种情况，就是在临界处系统有时同时存在几个序参量，也就是这几个序参量都可能影响系统发展方向，但由于势均力敌处于僵持状态。在这种情况下，这几个序参量彼此妥协，互相合作，协同一致地控制系统，相应的系统的宏观结构由几个序参量协同合作决定。这样，这几个序参量成为役使参量，其他的参量则成为伺服参量。伺服原理体现出了协同学理论的精髓，也就是系统的运行是众多因素彼此竞争与合作决定的，能否成为役使参量，靠的是能力，当然这种能力也包括协同的能力。

空天科技协同创新系统，是一个涉及军队、军工企业、政府、高校、科研院所等众多不同性质与功能创新主体参与的复杂系统。复杂性具体表现在参与空天科技协同创新的各参与主体可能是一个相对独立的子系统，而各子系统内部也完全可能存在若干子体系，由此构成的空天科技协同创新系统就是一个复杂的网络系统。要确保这一复杂系统有序运转，要求政府和军队扮演控制参量的作用，站在全局的高度，以国防需求为中心，进行要素协同、结构协同、环境协同，进而实现系统整体功能的最优化。另外，在空天科技协同创新系统运行的过程中，考虑到协同创新的自组织性，要尊重各创新主体的利益诉求，同时还要通过市场和计划控制参量，主导系统运行，确保国家和军队利益的实现。

### （三）创新生态系统理论

1935 年英国生态学家 Tansley 提出生态系统理论后，社会工作学、经济学、心理学等众多学科开始将生态系统理论引入研究视野，创新生态系统概念的提出就是这种研究思路的产物。具体而言，创新生态系统理论就是将生态学、生态系统的概念、方法引入创新领域，将创新活动"隐喻"为某种生命体，从而探索创新系统生成、进化、衰退及与周边环境的互动关系的一门理论。创新生态系统概念的提出、理论的形成，源自对创新系统理论研究的不断深化，也源自创新实践的不断加深。相比开放式创新、协同创新，创新生态系统理论侧重点由关注创新要素结构等静态问题，更多地向关注要素之间、系统与环境间的动态过程转变；由注重处理好内部不同利益主体间的关系，向更注重处理好系统与外部环境关系转变。正如创新生态系统理论强调的，任何一个创新体系都是特定的地理空间、政治经济环境、社会文化环境下的产物。显然，基于创新生态系统视角研究创新问题，更符合当前创新日益复杂的现实状况。

　　空天科技创新发展以基础科学和技术科学为基础，涉及力学、光学、材料学、电子学等多个学科，涵盖航天运载器、航天器、载人航天器、深空探测器、航天制导、航天推进、航天测控测试、航天材料、航天医学工程、航天空气动力学、航天制造工艺、航天电子信息等众多专业方向，具有明显综合性特征。这种特征决定航天技术创新与装备研制不可能也不能由单一的创新者完成，而是需要军方、民间等各创新主体积极参与协作，协同共生。与此同时，空天科技创新发展需要来自多个领域技术与资源的支撑，不可能脱离外部环境而独自运行，这就要求在创新过程中，更加注重环境因素，利用创新要素有机集聚的栖息性，顺畅系统与环境间能量、物质、信息等的互换，提升创新绩效。

## ▨ 六、本 章 小 结

　　本章在界定空天科技、协同创新和融合协同创新等相关概念的基础上，给出空天科技协同创新的概念，并从"本质在于融合发展、目的在于提升空天科技创新绩效、根本方法在于协同"等三个方面揭示了其科学内涵；结合协同创新的一般性特征，分析论述了空天科技协同创新的系统性、动态性、多元性、高层次性等典型特征，并指出不同于其他武器装备协同创新，空天科技在协同创新过程中，更要突出中国航天科工、中国航天科技两大军工集团的绝对主体地位，更要充分发挥军委、科技委和战略支援部队等的需求引导作用，更要充分发挥试验部队在空天科技研制中的作用；在介绍理论界已有研究成果的基础上，运用资源稀缺性原理与比较优势原理深入分析了空天科技协同创新的动力与原因，指出空天科技协同创新，从宏观层面讲，就是要解决空天科技研发资源稀缺性与空天科技发展欲望无限性之间的矛盾，从微观层面讲，则是参与创新各主体分析比较优势的发挥和劣势资源需求的满足后做出的理性选择；在吸收借鉴理论界已有研究成果的基础上，概括了创新主体知识积累、创新主体知识结构、创新动机、性格特征等四个方面影响空天科技协同创新的主体因素，科研经费、信息技术、固定资产等三个方面的客体因素，以及政策法规、社会文化、市场环境等三个方面的环境因素；基于进一步研究的需要，梳理了空天科技协同创新涉及的融合深度发展、协同创新和创新生态系统等三大理论的基本观点，并结合研究目的，有针对性地对每一理论中与协同创新研究联系紧密的原理做了重点梳理，为本书进一步研究奠定了理论基础。

# 第三章

# 空天科技协同创新的演化分析

中国空天科技研制发展 60 多年的历史，既是一部航天技术创新的历史，也是一部协同融合式发展的历史。关于中国航天科技和装备研制发展历程，及其各项技术的发展进步等，已经有许多文献进行了相关研究与梳理，本章主要以国防科技企业的技术创新行为为研究对象，以中华人民共和国建立以来我国空天科技在协同创新方面发生的巨大变化为例，运用演化分析方式①梳理分析我国空天科技研制生产过程中协同创新的基本历程、历史经验，最后再基于当前国际国内背景，指出我国空天科技协同创新发展面临的机遇、挑战和需要解决的现实问题。

## 一、空天科技协同创新发展的历史进程

中国空天科技研制是一个从无到有，由小到大，由低到高，由弱到强，由简单到复杂，由单项到体系的发展过程，也是一个全国上下同心，一起协同

---

① 自从达尔文出版《物种起源》，把进化论作为描述生物发展的理论模式后，自然界的进化、演化的思想观点便深深地影响了人们的思维，社会学者、哲学家更把这一观念延伸到对人类社会历史的研究视野中。科学史家巴萨拉深刻洞察人类科学技术发展的历史，出版了《技术进化论》一书，提出了"技术进化"这一重要概念。与此同时，经济学界的演化经济学也出现了方兴未艾之势，制度学派创始人凡勃伦在《经济学为什么不是一门演化（进化）科学？》一文中，分析了人类经济行为的历史延续性问题，而熊彼特则把"创新"这一概念引入经济理论框架，提出了创新的五个重要因素，认为领会资本主义的关键在于将其看作是"一个演化的过程。"参见：索尔斯坦·凡勃伦. 经济学为什么不是一门演化（进化）科学？［M］//柳欣，张宇. 政治经济学评论 2004 卷（第 2 辑）（总第 6 辑）. 北京：中国人民大学出版社，2004：127－136。

的过程。中华人民共和国成立后不久，面对帝国主义的战争威胁和核讹诈政策，中国航天在发愤图强中起步；在国内经济建设高潮和社会曲折发展中，中国航天奋力前行；在新时期改革开放大潮中，中国航天发展壮大；在世纪之交的现代化发展中，中国航天实现跨越；在新时代中国梦引领下，中国航天正向航天强国目标迈进。在这一历史进程中，空天科技协同创新也就随之深入发展。回顾中国空天科技研制发展历程，并不是全盘照搬历史全貌，而是认真梳理这一进程的逻辑展开，对那些影响这一总体趋势的重要决策、组织领导、体制机制、重大技术创新等进行概括，总结提炼有益经验和教训，为今后发展提供借鉴。

### （一）空天科技协同创新发展初期的领导决策

人类发展史表明，一场战争的胜负，是由战争双方的经济、政治、文化等多种因素决定的；但最直接的也最重要的，则是战场上人与武器的结合。因此，人的素质、武器装备的数量与质量性能，直接决定谁是军事较量中的最后胜利者。可以肯定地说，人是战争中的决定性因素，而先进的科学技术物化成果——武器装备从来都是战争中的重要因素。党和国家领导人，就是从自己几十年的战争实践和军事思考中来决策发展自己的空天科技的。为新中国而战的历次革命战争都是在武器装备极端落后的条件下取得胜利的，无疑，人在战争中起了决定性作用。当世界反法西斯战争和中国抗日战争进行到关键时刻，美国使用原子弹对日本进行轰炸，当时延安的一些新闻媒体对此大量报道，无形中渲染了美国原子弹的作用和威力，客观上为宣扬"唯武器论"起了推波助澜作用，因此受到了毛泽东的严厉批评。在决定中国前途命运的第三次国内革命战争中，毛泽东曾经发出"原子弹是纸老虎"的论断，人民解放军凭借小米加步枪的劣势装备与保障打败了国民党军队的飞机加大炮！可以说，正是无数革命先烈用他们的革命精神，也用他们的血肉之躯，铸成了坚固的共和国的安全长城。

抗美援朝战争直接促动中国航天事业的发展。中华人民共和国刚刚成立不久，战火再起。美国等 16 国组成的所谓联合国军，把战火烧到了鸭绿江边，中国人民被迫进行抗美援朝战争，最后把联合国军打到了谈判桌上。抗美援朝战争直接引发对发展尖端武器的渴望。在评价抗美援朝战争时，毛泽东说：美军不行，他是钢多气少，我们是钢少气多。"钢"无疑代表的是现代化的武器装备，而"气"则是指中国军人的精神！中国军队在战场上使用劣势装备的局面仍然没有改变，所付出的代价，包括物质上的代价和生命代价仍然很大。对技不如人的窘况，我军的高级将领，特别是战争的具体指挥者彭德怀元帅可谓心痛欲绝！在给毛泽东的信中，彭德怀说："我们付出的代价太大了。"因此，发展中国自己的尖端武器的想法，在党和国家领导人那里开始酝酿。

著名导弹火箭专家钱学森的归国直接促成了中国导弹事业的发端。1955年11月钱学森归国到东北考察，彭德怀指示时任哈军工院长的陈赓大将迅即飞往哈尔滨征询钱学森关于发展导弹的意见。当听到钱学森的肯定回答后，陈赓高兴地说："我要的就是这句话！"钱学森回京不久，彭德怀就接见了他，与他详细讨论了发展导弹的事情。1956年2月17日，在周恩来的建议下，钱学森向毛泽东提交了《建立我国国防航空工业的意见书》。2月22日，周恩来将意见书送毛泽东审阅，并致函说明："这是我要钱学森写的意见，准备在今晚谈原子能时一谈。"在毛泽东和周恩来的直接指示下，中国的导弹研制开始了。

毛泽东一直关心着空天科技等尖端事业的创立。1956年2月1日，毛泽东亲自接见了钱学森。1956年4月25日，毛泽东在主持召开由各省（自治区、直辖市）党委书记参加的政治局扩大会议时强调指出，要加强包括原子弹在内的尖端武器的研制。按照毛泽东同志的思想，1956年，中央制定了科技长远发展规划，将原子能、无线电、计算机和遥控、喷气技术等列入其中。1956年6月14日，毛泽东等中央领导同志接见参加规划制定工作的全体科学家。10月17日，毛泽东在周恩来送审的聂荣臻关于发展导弹技术的报告上做出批示，明确了我国发展导弹等尖端技术的指导思想：自力更生为主，力争外援和利用资本主义国家已有的科学成果。1958年2月23日，毛泽东在导弹武器试验基地勘察选址报告上做出批示，为西北导弹综合试验基地场址的确立做出决策。

最高领导人毛泽东主席高瞻远瞩的决策，国务院总理周恩来的亲自主持①，军队高级将帅彭德怀的极力主张，聂荣臻元帅的挂帅领衔，著名科学家钱学森的技术和理论支撑，在这些因素的推动下，中国航天事业起步，为空天科技协同创新奠定了坚实的基础。

## （二）空天科技协同创新发展的组织体制沿革

一项重大的科学技术发明，可以由一个科学家或者几位科学家，或者由科学团队完成，这在科学技术发展史、发明史上屡见不鲜。但一项社会性的事业，关涉一个国家、一个军队的尖端武器装备研制，离不开强大的国家组织系统的领导、协调、运行。中国空天技术在 60 多年的时间里能够实现从无到有、从小到大、从弱到强的跨越式发展，与时俱进、持续创新的航天科研生产组织体制发挥了至关重要的作用。中国航天自创建那一天起，首先构建了组织机构，并在长期的航天实践中不断调整，以适应航天技术的发展，满足经济社会形势的需要。实践表明，一个好的组织机构架构，是推进空天科技研制的重要组织基础，是实现技术发展和跨越的重要组织保障。这一进程，大体经历了由国家直接领导的一体的体制，到政府主导的相对分离的两用体制，再到政府与市场都发挥作用的协同融合的协同创新体制。这一进程，与整个中国社会的经济体制进行改革和体制改革历史相吻合。

### 1. 国家直接领导的一体的体制

计划经济时期，为了实现以"两弹一星"为代表的国家重大工程的突破，在中央领导下，动员全国力量，一体搞研制生产，取得了非常明显的成就。总的来说，在这种总的体制下，与航天相关的还有一系列具体体制机制，这里简单加以描述，以反映出当时的情况。

---

① 周恩来总理直接主持了导弹事业的决策组织全过程。1956 年 3 月 14 日，周恩来主持中共中央军委会议，讨论航空工业委员会成立事宜。4 月 11 日，周恩来致信毛泽东并中共中央，提出"为了能够统一地和有计划地领导、发展航空工业"，拟成立航空工业委员会。1956 年 5 月 26 日，周恩来出席中共中央军委会议，代表中共中央宣布发展中国导弹武器的决定。周恩来指出：导弹研究工作应当采取突破一点的办法，不能等待一切条件都具备了才开始研究和生产。要动员更多的人来帮助和支持导弹的研制工作。这项工作所需的技术专家和行政干部，同意从工业建设、高等教育、科学研究等部门和军队中抽调，军队要起模范作用。参见：中共中央文献研究室. 周恩来年谱（1949—1976）上 M. 中央文献出版社，1998：564、581 页。

国防科学技术委员会的成立，为中国空天科技发展奠定了组织基础。国防科学技术委员会是在国防部航空工业委员会和国防部五部的基础上发展起来的。1956 年 4 月，经中共中央政治局会议讨论并批准，我国成立了直属国防部领导的由聂荣臻元帅任主任的航空工业委员会，其职责就是加强对中国航空和火箭事业的统一领导，改变相关职能分散、统一不够、效率不高的问题。1958 年 10 月，为了进一步整合军内航天研制力量，经中央批准，航空工业委员会与原国防部五部合并，成立中国人民解放军国防科学技术委员会。同年 11 月 23 日，在完成军内航天创新力量整合的基础上，为了进一步加强协同融合，统一全国航天领域创新力量，在原国防科委的基础上，成立了依然由聂荣臻任主任的国家科学技术委员会。国防科学技术委员会的成立，使国防尖端武器研制有了统一的领导机构①。

国防部五局和国防部第五研究院两个导弹机构的正式成立，使中国空天科技有了管理机构和研制机构，这标志着中国导弹事业从此拉开大幕。1956 年 7 月 7 日，中央军委正式批准成立由钱学森任第一副局长兼总工程师的导弹管理局，同年 10 月 8 日，按中央指示成立导弹研究院（番号为国防部第五研究院，简称五院），钱学森任院长，谷景生任政治委员。在五院的成立大会上，国防科技事业的卓越领导人聂荣臻提出了"自力更生为主，力争外援和利用资本主义国家已有的科学成果"的指导思想，为五院导弹研制乃至我国整个武器装备创新发展明确了方针。相比航空工业委员会职能定位的全面，国防部五局只负责中国空天科技的管理与研制任务。

导弹靶场及机构的组建，完善了空天科技科研、生产、试验、鉴定等全系统。

----

① 包括航天装备在内的我国武器装备研制生产管理体制经历了一个复杂的变迁过程，其大致过程可以描述如下：1956 年 4 月，国务院、中央军委决定在国防部成立航空工业委员会（简称航委）；1956 年成立的国防部第五研究院，在航委领导下从事中国导弹研制；1958 年 5 月，中央军委决定在国防部设第五部，负责全军特种武器装备的科学技术研究和特种部队的组建及其装备计划等工作；1958 年 10 月 16 日，中共中央批准中央军委改组航委的意见，同意成立国防科学技术委员会（简称国防科委）；1959 年 4 月，中央决定将国防部五部合并到国防科委；1968 年 2 月，国防科委改为中国人民解放军国防科学技术委员会；1982 年 7 月，国务院国防工业办公室（简称国防工办）和中央军委科学技术装备委员会同国防科委合并，组建国防科学技术工业委员会（简称国防科工委）；1998 年组建解放军总装备部，其他部分另外组建国务院国防科学技术工业委员会；2008 年 3 月，国务院所属国防科工委改组为国家国防科工局（国家航天局）；2016 年 1 月，新一轮的国防军队体制改革，随后中央军委成立装备发展部和军委科技委。

1957 年 6 月，中央军委根据中共中央关于发展中国导弹武器装备的战略部署，为适应导弹研制、鉴定、试验定型的需要，决定建立一个综合试验靶场，并成立了总参靶场委员会，负责领导靶场筹建工作。1958 年 2 月 26 日，毛泽东批准中央军委关于导弹试验靶场勘察地点的报告，中国第一个导弹试验靶场建设拉开序幕。1958 年 4 月 18 日，中央军委批准了导弹试验靶场首区建设方案。苏联专家拟定的《火箭武器试验靶场的地区选择和设计的战术技术要求》也得到中央军委的批准。文件明确提出了试验靶场的任务：一是进行导弹的试验、检验射击和训练射击；二是进行导弹武器的战斗作用和进一步改进其性能的科学研究工作；三是对特种技术部队进行导弹武器的战斗使用的训练。1960 年，西北综合导弹试验基地初步建成，中国有了进行地地导弹飞行试验的场区和技术队伍。同年 9 月 10日，进行了第一次独立试验，全面检验了靶场各种工程技术设施和配套设备的性能，锻炼、考核了中国第一支导弹试验队伍独立进行试验的组织指挥、技术操作和勤务保障能力，为导弹事业的进一步发展打下了基础。

2. 政府主导的相对分离的两用体制

七机部的成立，是空天科技研制体制的重大改革，为协同融合的体制机制创新提供了有力的组织保障。为了实现对导弹、火箭工业的有效管理，1964 年 11月 23 日，中央决定，成立以国防部第五研究院为基础的第七机械工业部。1965年 1 月，五院有军籍的人员集体转业，自此，原隶属军队系统的航天研制机构成为国家的一个工业部门。1965 年 5 月，上海机电二局及其所属厂、所，划归七机部建制，七机部组织规模进一步扩大，逐渐形成了涵盖空天科技科研、设计、试制、生产等在内的比较完整的科研生产体系，为后来我国航天事业大发展，奠定了坚实的基础。1982 年 3 月，第七机械工业部正式改称航天工业部（简称航天部），1988 年航空工业部和航天工业部，组建航空航天工业部。

航天工业总公司的成立，标志着航天事业走向市场化的改革方向。1993 年第八届全国人大第一次会议决定撤销航空航天工业部，同年 6 月中国航天工业总公司（国家航天局）正式成立。关于航天工业总公司的定位，成立时有明确规定：在对外业务交往中，以国家航天局的名义代表国家签订航天领域国际政府间的条约、协议、协定；组织参加国际宇航（空间）组织、国际会议和国际科技交流与合作。中国航天工业总公司不承担政府行政管理职能，其主要任务是：按照"航天为本、军品优先"的原则，确保完成国家下达的国防及民用航天科研生产指令性计划；大力开发生产民用商品，加速发展第三产业，推动航天技术向国民经济转移；加强国际间的交流与合作，扩大对外发射服务，负责卫星、航天商品及其相关技术和民用商品的出口。中国航天工业总公司最终将成为具备独立市场地位的科技先导型的经济实体。中国航天工业总公司的成立是中国科技工业管理体制改革的又一重大举措，对进一步推动中国航天科技事业向市场化道路迈进有着重要意义①。

### （三）空天科技协同创新发展过程中的创新方式

空天科技是工业能力的集中体现，是现代科学技术综合性、先进性的展示，最能反映科学技术工作创新性的特点。这里主要分析航天事业初创时期的技术创新，一方面是因为最初航天人开创性的探索对今天更有借鉴意义；二是由于保密的原因，资料相对缺乏，值得做学术上的深入挖掘。因此本节并不对重大型号或装备研制本身进行全方位梳理，只是针对研制过程中体现出来的技术特点及技术创新的某些方面进行分析。中国空天科技研发的起步经历了如下过程：从反设计、仿制到自行设计。

1. 反设计：中国航天人走向技术创新的练兵

反设计是一种设计运动，是抗拒主流的设计模式，兴起于 20 世纪 60 年代后期的西方。其实，早在中国导弹事业开始之初，中国航天人就创造了这个名词，使之成为一种设计思想和设计方法，并引入现代航天科学技术实践之中，且在其中发挥了重要作用。

1956 年年底，中国接受苏联提供的两发 P−1 导弹。P−1 导弹是苏联仿照德国 V−2 导弹制造的第一种液体推进剂的地地弹道导弹。引进之后，国防部五院组织了反设计。所谓"反设计"，按照钱学森的说法是："我们没有导弹的图纸和资料，但是，现在我们毕竟有了实物，可以按专业组把弹体、发动机，直到每一

---

① 1999 年 7 月，中国航天工业总公司分拆为航天科技集团和航天科工集团（刚拆分时称中国航天机电集团公司，2001 年改现名）。航天科技集团主要从事民用航天产业，即通常意义上的航天工程，航天科工集团主要从事国防军事工业。

个螺丝钉、垫圈，都小心地拆下来，仔细研究做好记号后再分别去测量，最后我们自己动手绘制图纸。这是我们锻炼队伍的最好时机。"可见，"反设计"的目的是摸清导弹的结构和材料、零件的尺寸及使用性能，做出一套既有理论根据，又符合操作实际的文件，为今后的仿制作好准备。反设计主要分三个步骤：首先是拆卸，按照拟定的程序，把每个零部件编号、造册，然后一一拆卸，分门别类地摆放好；其次是对照实物测量实验，搞清楚各个配件的长宽高等外在的几何参数，以及内在的材料构成和性能等内在参数；最后是按照计算公式，由成品反向推算，计算当初的设计数据。这些步骤完后，进行重新组装。这次活动取得圆满成果，最后在安装过程中，除了一根约 2 米长的细空气导管在重装时因调整形状而出现了裂纹，没有一个零部组件丢失、受损，就连螺钉、螺帽和垫圈也没有少。五院进行"反设计"的时间并不太长，随着 1957 年年底接收苏联 P–2 导弹后便停止了，但年轻的导弹科研人员因此有了初步的导弹感性知识，对导弹设计及原理有了初步的认识，技术人员还很快画出了一部分导弹的图纸资料。反设计练兵工作初见成效，为即将开始的导弹仿制奠定了技术基础。

尽管 P–1 导弹的反设计工作停止了，但反设计活动并没有就此止步，而是运用在了包括"543"导弹的仿制过程当中。曾经参加"543"导弹的仿制工作的程荣之，对反设计的认识是："反设计是摸透'543'的重要方法。""反设计的主要要求就是弄清原设计图纸和一些参数的原始情况，这实际上是把在仿制中所处理的设计技术问题和跟班学习到的实际知识再加以理论上的提高。"在人类科学技术越来越发达的今天，技术本身的复杂化、综合性、体系性的特点越来越突出，反设计将面临越来越大的困难。但反设计的思路，仍然不失为一种重要的思想方法和工作方法。

2. 仿制：中国航天人技术创新的真正起步

反设计接下来的技术路线就是"仿制"。1957 年年底，中国引进苏制 P–2 型导弹。国防部五院重点开展了仿制工作[①]。1958 年 10 月，由于受"大跃进"运动的影响，在仿制过程中，也有人提出了一些脱离实际的目标，并一度出现了

---

① P–2 导弹由弹头（装常规炸药）、弹体、动力系统、制导与姿态控制系统组成。导弹的控制系统采用惯性和无线电横偏校正的混合制导方式。另外，导弹与配套的辅助设备组成全武器系统。

轻视仿制急于搞自行设计的苗头，认为苏制 P-2 太落后，射程太近，为了以实际行动迎接"大跃进"，要自行设计。遵照聂荣臻的指示精神，国防部五院召开了四级干部会议，以统一思想。在 P-2 导弹的仿制过程中，我国技术人员着眼于增强自主创新能力，在对苏联提供的样机进行反设计过程中不断积累经验与技术，为后来转入新型号的探索研究和自主设计打下了一定的基础。这一型号后来被称作"1059"导弹，原拟在 1959 年庆祝中华人民共和国成立 10 周年时献礼，最后于 1960 年 11 月 5 日发射成功。

另一个典型例子就是仿制"543"。1960 年秋，国防部五院计划研制自行设计的各方面性能更优越的"红旗一号"。经过一段时间研发后，随着党中央提出"调整、充实、巩固、提高"的八字方针，五院党委按照中央的方针，确定了"缩短战线、任务排队、确保重点"的方针，主动停止"红旗一号"研制，集中精力攻关"543"。经过技术人员和工人师傅的共同努力，在短短两三年的时间内就顺利地仿制出来。这一仿制型号后来继续称作"红旗一号"，仿制成功不久就参加了实战，成功击落一架美制 U-2 飞机，中国航天人第一次收获通过努力结出的硕果。

3. 自行研制：东风二号导弹的曲折历程

仿制是没有办法的办法，当自己的力量积蓄到一定程度时，必须走向自行研制。但要从仿制到自行研制，这对年轻的中国导弹研制队伍来说，绝非易事。国防部五院建议先充分利用 P-2 导弹的仿制成果，尽快研制出射程为 1 000 千米的中近程导弹。聂荣臻元帅批准了这一建议。1960 年 8 月，国防部五院召开方案论证会，批准了"东风二号"中近程导弹的总体设计方案。与"1059"导弹相比，"东风二号"导弹加大发动机的推力，减轻了弹体的重量，提高了控制系统的精度。1960 年 12 月，"东风二号"导弹完成了全部初步设计，总体和各分系统设计图纸下厂，发动机进行了大量的组合件研究试验和系统试车。1961 年春天，"东风二号"导弹完成了系统的技术设计，5 月，从初样生产转入试样生产。1962 年 3 月 21 日，导弹在试验中失败了。又经过两年多的努力，1964 年 6 月 29 日，"东风二号"导弹再次发射试验，获得圆满成功。"东风二号"导弹的研制成功，揭开了我国火箭、导弹发展史上新的一页，标志站中国人独立自主研制导弹开始走上正轨。

在此基础上，"东风三号"中程导弹、"东风四号"中远程和"东风五号"洲际导弹相继研制发射成功,导弹研制进入良性循环。在"东风二号"甲的基础上,成功研制了"长征一号"火箭,并把中国第一颗人造卫星"东方红"送上了太空。此后,研制出返回式卫星,在"三抓"任务牵引下,相继完成了第一代通信卫星、潜艇水下发射导弹"巨浪一号"。

4. 自主可控:中国航天技术与装备创新的新境界

改革开放以后,中国航天技术与装备创新方式,从特点上讲,更加强调自主创新,强调自主可控。这一点,集中体现在中国载人航天工程和北斗导航系统的建设与成功投入使用上。按照自主创新、提高自主可控能力的要求,我国载人航天工程制定了"三步走"战略,在先后研制发射了 4 艘无人飞船的基础上,先后发射了 6 艘有人飞船,将中国自己培养的宇航员 14 人次送上太空(期间研制发射了"神舟八号"无人飞船验证交汇对接技术),完成了一系列刷新航天历史的壮举。

载人航天工程如此,北斗导航系统同样如此。北斗系统从研制之初,就确立了自主可控的思路,强调在性能上全面超越既有的三大导航系统。北斗导航系统按"三步走"的战略发展,先后建成了"北斗一号""北斗二号""北斗三号"系统,目前已从区域服务正式迈向全球覆盖,2020 年已完成全球组网建设。2019年 11 月 5 日,中国使用长征 3B 助推火箭成功发射了"北斗三号"(BDS－3)卫星,这也是第 49 颗北斗导航卫星。据航天科技集团五院"北斗三号"卫星总设计师陈忠贵透露:"'北斗三号'卫星部组件百分之百的是国产,卫星关键的和核心的元器件都是国产的,真正做到了自主可控。卫星具有自主完好性监测功能,这个也是在我国导航卫星上率先使用,具有国际领先水平。"核心技术完全掌握在自己手里,这是北斗研制团队走出的一条自主创新之路。

## ■ 二、空天科技协同创新发展的历史经验

中国航天事业已经走过了 63 年不平凡的历程,取得了历史性成就。如何深入总结我国空天科技研制历程中的成功经验,党和国家领导人、各个学科的学者

们进行了全方位、多角度的总结梳理。党和国家领导人江泽民[①]、胡锦涛[②]等领导同志的讲话和贺信，大多从党和国家工作角度进行总结，高屋建瓴，系统全面。习近平在设立中国航天日的批示中指出："经过几代航天人的接续奋斗，我国航天事业创造了以'两弹一星'、载人航天、月球探测为代表的辉煌成就，走出了一条自力更生、自主创新的发展道路，积淀了深厚博大的航天精神。"这是对航天事业 60 多年历程的深刻总结，也给我们提供了一个有益的思路。由于全面系统总结中国航天事业发展的基本经验不是本书所能承担得了的任务，本节主要从技术创新的角度，强调以下几个方面。

## （一）中央专门委员会领导下的"大力协同"

中央专门委员会的成立，建立了尖端武器研制的高效决策机制。1962 年，刘少奇、罗瑞卿等同志认识到成立专门机构协同指挥的重要性，在讲话和信件中都明确提出要大力协同。在听取汇报中，刘少奇同志就明确指出"导弹和原子弹都需要中央有一个专门的机构来抓，做组织工作、协作工作，下命令的工作""不这样抓，这里一拖，那里一拖，时间过去了"[③]。同年，罗瑞卿在给毛泽东的报告中提出，实现原子弹爆炸，除了二机部艰苦努力，还必须取得全国其他工业部门、科学研究单位的密切配合，需要全国在人力、物力上的大力支援。对此，毛泽东明确批示："很好，照办。要大力协同，做好这件工作。"[④]根据主席的批示，1962 年 10 月中央成立了一个由国务院总理亲自主持，包括 7 位副总理和 7 位有

---

① 江泽民在表彰"两弹一星"元勋大会上的讲话中，从五个方面进行了总结：坚持党的统一领导，充分发挥我国社会主义制度的政治优势；坚持自力更生，自主创新；坚持有所为、有所不为，集中力量打"歼灭战"；坚持尊重知识，尊重人才；坚持科学管理，始终抓住质量和效益。参见：《人民日报》1999 年 9 月 19 日第 1 版。

② 胡锦涛在庆祝我国首次载人航天飞行圆满成功大会上的讲话中，从四个方面进行了总结：必须坚持以科技进步和创新为先导，努力实现技术发展的跨越；必须坚持发挥社会主义制度的政治优势，形成万众一心共创伟业的生动局面；必须坚持自主创新的方针，牢牢掌握尖端技术发展的主动权；必须坚持发扬艰苦奋斗的优良作风，以与时俱进的精神不懈登攀。参见《人民日报》2005 年 11 月 8 日第 1 版。

③ 中共中央文献研究室. 刘少奇年谱（下卷）[M]. 北京：中央文献出版社，1996：562 - 563.

④ 中共中央文献研究室. 毛泽东年谱（1949—1976）第 5 卷 [M]. 北京：中央文献出版社，2013：167.

关各部部长共同组成的中国原子能事业的领导核心[①]，这一方面充分证明中共中央对这项大事的高度重视和决心，同时也有力保证了对"两弹"事业的坚强领导和组织支持。

毛泽东提出的"大力协同"，由于蕴含的团结、协作、互助，也就成了发展尖端事业的重要指导思想。中国载人航天工程总设计师王永志这样理解大力协同："大型工程往往是系统工程，是典型的集成创新，是由系统、分系统、设备、单机等方方面面的创新汇集起来的。一个工程项目要取得创新性突破，离不开上级决策。搞创新不仅要有方法，还得有手段，离不开方方面面的支持和各种条件的保障。把这些要素紧密结合起来，必须依靠行之有效的组织管理，上下结合，群策群力，形成合力。""两弹一星"功勋奖章获得者陈芳允这样理解大力协同："对于像空间系统这类大的系统工程（或推而广之到一些大的科技项目的研究和发展），我觉得毛主席、周总理和当时具体领导科技工作的聂帅提出的'要大力协同'是最关键的成功之道。我较长期地作为总体组成员之一参加了卫星的跟踪、测量和控制系统的设计和设备研制，并参加了建设工作。我虽然有一定的物理和电子学基础，而且也稍有工程基础，但对于整个卫星测控的大系统工程，有许多方面可以说都不懂，只有依靠组织，依靠各个专业的技术人员共同努力，才能完成任务。整个系统的各部分则是由全国许多单位协作研制的。"他还指出："我认为尽管现在处于改革开放，引入竞争机制之际，我们仍然不能忘记毛主席给我们指示的大力协同这件法宝，必要时还是要用，只要掌握好与竞争机制的辩证关系，这就是我们社会主义的优越性，运用得当，就能胜利。"

随着尖端事业的深入发展，1965 年 3 月 2 日，中共中央决定：中央专门委员会除原子能以外，还领导导弹和人造卫星的研制、生产及发射试验等，并调整、扩大组织，增加成员 7 人，改称中共中央专门委员会。在这一领导机构中，历届国务院总理都担任专委主任，一直都在发挥着重要作用。

---

① 1962 年 12 月 14 日中共中央作出《关于成立十五人专门委员会的决定》，该委员会在中央直接领导下，由周恩来、贺龙、李富春、李先念、薄一波、陆定一、聂荣臻、罗瑞卿、赵尔陆、张爱萍、王鹤寿、刘杰、孙志远、段君毅、高扬等 15 人组成，周恩来为主任。决定指出：委员会是一个行政权力机构。委员会的主要任务是：组织各有关方面大力协同，密切配合；督促检查原子能工业发展规划的制定和执行情况；根据需要，在人力、物力、财力等方面及时进行调度。

### （二）制定发展路线图加强规划

制定一个科学的规划，并根据实践的发展进行调整，这是从事一项大的工程必不可少的管理手段。早在 20 世纪 50 年代中期，几乎与中国的导弹航天事业同步，党中央就着手制定中华人民共和国第一个科学技术长远发展规划——《1956—1967 年科学技术发展远景规划纲要》，先后由国务院副总理陈毅和聂荣臻直接领导；重要的是，把发展喷气和火箭技术列为重点发展项目，使新生的中国航天事业有了一个基本的发展蓝图与规划。制定发展路线图，加强规划与论证，成了中国航天发展的一个重要经验。

在聂荣臻副总理、张爱萍副总参谋长的领导和主持下，航空工业委员会、总参谋部装备计划部、国防工业部门，形成《关于 12 年内我国科学对国防的研究项目的初步意见》，将国防科技发展规划综合成航空、电子科学、热核子应用、防化与军事医学、常规武器等五大类，分别提出了发展方向和目标，并列入国防科技发展规划 12 项重点任务的前列。国防科技发展规划，总的要求是根据国防科技的特点和中国的实际情况，建立相对独立的国防科技研究体系，在最基本与最需要的方面尽快接近世界军事技术发展水平，以适应国防现代化建设的需要。

为进一步落实《1956—1967 年科学技术发展远景规划纲要》中的国防科技发展任务，1958 年 1 月，总参谋部制定了《国防科学技术研究工作 10 年（1958—1967 年）规划纲要》，并经中央军委批准。这个规划纲要提出，以研究制造中程地地导弹和地空导弹、裂变和聚变物质装料为中心。《1956—1967 年科学技术发展远景规划纲要》，包括国防科技发展规划，以及总参谋部制定的《国防科学技术研究工作 10 年（1958—1967 年）规划纲要》，明确指出了国防科技的发展方向和任务，调动了各方面的积极性，有力地推动了国防科技事业的迅速发展。

1965 年，在制定空间技术发展规划的同时，七机部广泛发动群众，讨论制定火箭技术的 8 年（1965—1972 年）发展规划。从 1965 年至 1972 年的 8 年中要研制 4 种导弹："东风二号"甲中近程导弹、"东风三号"中程导弹、"东风四号"中远程导弹和"东风五号"洲际导弹。1965 年 3 月 20 日，中央专委第十一次会议批准了七机部提出的《地地导弹发展规划》。以地地导弹研制为突破口，牵引国内相关研究机构协同攻关，有力地推动了我国战略和战术导弹技术的发展。实践证明，这是一条科学正确的发展之路。这一规划从任务的部署上也为中国航天的组织体系奠定了基础，从此形成了特色鲜明的以设计为中心、以创新为动力的航天创新文化。

## （三）创新科技发展运行模式

科技创新不是自动发生的，必须在一个科学有效的运行机制下才能实现。中国空天科技事业的成功，不仅表现在为国家安全研制成功实用的大量空天科技产品，而且表现在出产品、出成果的同时，总结归纳出了一套适合中国国情的航天科技运行机制与模式。这便是中国航天人创造的系统工程理论，包括一个"总体部"，两条"指挥线""三步棋"程序等一系列既符合现代科学技术发展，又适合中国国情的航天技术微观运行机制与模式。

1. 一个"总体部"

关于"总体部"，钱学森指出：导弹武器系统是现代最复杂的工程系统，要有一种组织、一个集体来代替先前单个的指挥者，在我国国防尖端科研部门建立的这种组织就是总体设计部（或是总体设计所）。强调通过"总体部"发挥集体智慧的同时，钱学森也强调总师在其中的拍板作用[①]。1962 年制定的《国防部第五研究院暂行条例（草案）》规定，型号总体部是总设计师领导型号设计工作的参谋、顾问、执行和服务机构，主持制定总体设计方案和初步设计工作，草拟各分系统设计任务。总设计师主要通过它来领导整个型号的设计工作。自 1964 年以来，国防部五院组建了若干型号研究院，按照"以型号为目标，以专业为基础"的原则，建立了科研与生产相结合的管理体制，每个型号研究院都无一例外地设置了总体设计部（简称总体部）。总体部设计的是系统总体方案，它以实现整体优化为目标，协调分系统之间及其与总系统之间的关系。各个系统，乃至各分系统都有总体设计，形成一个纵向的技术体系。从技术体系

---

① 钱学森曾经说过："在我们这一行，一得之见也是多得很呀，但是在我们这儿有一条，最后是总设计师拍板。这是周总理、聂老总给我们规定的，总设计师就是总设计师。我们现在的总设计师都是这么锻炼出来的；像我刚才说的任新民就当过总设计师，还有屠守锷、谢光选都是搞导弹的总设计师。总设计师要有风度呢，大将的风度啊！参见：顾吉环，李明，涂元季. 钱学森文集卷四 [M]. 国防工业出版社，2012：287。

上保证总体部提出的所有目标、方案、要求，均符合整体优化目的。总体部是实现总目标、研制过程各阶段目标和实施飞行试验的技术核心。孙家栋对航天总体的体会是："工程总体主要解决总体集成，根据国情进行切实可行的总体编制和总体设计，总体要建立在已有基础和现有条件的基础上，还要为后续发展留有充分的余地。新产品、新技术要提前安排攻关、研制计划，要与整个总体计划相吻合，中国航天几十年来走过的成功历程充分说明总体工作的重要性。"

2. 两条"指挥线"

在《国防部第五研究院暂行条例（草案）》中，确定了实行两条指挥线，即以行政指挥系统（即行政指挥线）与设计师系统（即技术指挥线）组成一个既相互支持，又相互制约的工程组织管理体系。"两条指挥线"是钱学森和广大航天工程技术人员在计划经济的条件下，探索出来的适用于大型航天工程研制的一种较为成功的组织管理结构。这其中的设计师系统包括四层：总设计师是整个工程的技术总负责人；副总设计师协助总设计师，分工负责部分技术决策和协调工作，或是工程某一分系统的技术最高指挥；主任设计师是工程分系统工作的组织者和指挥者；主管设计师则是某项课题或仪器设备研制的技术负责人。每一个型号都设立相应的设计师系统，各级设计师都有明确的岗位责任制，形成的是一条纵向的技术指挥线。而行政指挥系统通常分为战略决策层、决策管理层和组织实施层等三层，并且可以根据任务特点减少相应层次。当时，行政指挥系统要同时负责几个型号的组织指挥调度工作。在中国航天型号研制过程中，技术、行政两条指挥线发挥了极大的作用。

3. "三步棋"程序

"三步棋"实际上讲的是科学研究的程序问题，这是聂荣臻领导国防科技工作的一大贡献[①]。航天科技工业系统，是一个研究、设计、试制、生产、试验的有机联合体，其运行有自己的特殊性。最突出的特点是，以型号为牵引。每研制

---

① 1966 年 2 月，聂荣臻在给周恩来的报告中正式提出了"三步棋"："科研与生产不同就是在一定的计划时期内，研制工作要同时安排三个层次的型号：正在试验、试制（生产）的型号；正在设计的新型号；需要探索研究的更新的型号。这样安排，可以加强研制工作的计划性和预见性，并使不同层次的型号互相衔接，交替进行；预研工作也可以得到相应的落实。对同一型号而言'三步棋'是指预研、研制、小批生产三个阶段。"参见：罗来勇，周均伦. 聂荣臻元帅 [M]. 2 版. 北京：解放军文艺出版社，2007：361。

一种新型号，都需要采用许多新技术，科学研究的含量占的比重大，不同于一般的工业部门；它又不是单纯的科学技术研究，而是以型号为目标，主要从事工程技术和应用研究，最终要出产品，区别于以从事基础科学研究为主的机构。这就把型号研制程序问题提出来了，也就有了被人们津津乐道的航天研制"三步棋"。周恩来反复说："国防科学技术的特点，是产品型号改进更新很快，至少同时要有三个层次的型号，至少要看三步棋，不能走到哪里算哪里。"这也符合科学技术本身的发展规律。一项新的技术，从基本研究、应用研究到设计、试制，有许多环节，必须有前瞻眼光，必须统筹安排。

"三步棋"程序，增强了军事技术与武器装备研制的连贯性，是后来我军武器装备研制的"四个一代"（即探索一代、预研一代、研制一代、生产一代）思想的理论源头。

### （四）系统工程理论和质量管理理论的创新

系统工程理论及方法，是中国航天人解决大科学、大工程问题时创造与运用的一种有力的科学武器。在推进航天型号发展、总结经验教训中，以钱学森为代表的航天人创造性地将系统工程理论和方法成功地引进航天领域，应用在各个环节，发展出了一套解决像导弹航天这样复杂巨系统的管理问题，走出了独具特色的中国航天工程发展道路。航天人的系统工程方法，是解决复杂系统工程问题的系统思维之花，在航天人精神家园绚丽绽放。

对于什么是系统工程理论，钱学森早年在美国出版的《工程控制论》里说过的一句话，成为这一理论与方法的最通俗解释："利用不十分可靠的元器件做出十分可靠的系统"。这就是被人们广泛称颂的中国航天系统工程方法。所谓航天系统工程，就是组织管理航天型号规划、计划、预研、研制、试验、生产，以及人才、物资、保障条件、经费的科学体系与方法。钱学森提出的"开放的复杂巨系统"概念和处理这种开放的复杂巨系统的方法论，即从定性到定量综合集成方法，是系统学研究的一个标志性进展。航天人创造的系统工程理论及其取得的成功，受到了党和国家领导人的肯定和赞誉。

中华人民共和国成立以来，中国航天创新发展除了有系统工程理论这一法宝，重视质量管理、积累总结质量管理经验同样也是一条重要的法宝。在中国航天创新发展过程中形成的众多质量管理经验做法中，"双五条归零①"无疑是最亮眼的一条。在几十年创新发展的实践中，中国航天已经形成以"双五条归零"标准为代表的确保成功的一系列质量管理方法，形成了齐全配套的规章制度和标准规范。"双五条归零"是中国航天人在航天质量管理方面的独创性成果，是中国航天人对世界管理理论和方法的一大贡献。"双五条归零"方法，是现代管理理论和方法的底线思维创新，对于加强创新过程中的质量管理，同样具有重要的指导与借鉴意义。

## （五）注重总结教训积累创新经验

系统工程方法既是哲学方法在导弹航天事业中的运用和延伸，也是实践中成功与失败、经验教训的科学总结。"东风二号"导弹的飞行试验失败以后，中国航天人进行了认真反思和总结，感觉到必须重视总体和分系统的综合分析与设计，于是总体设计部的创新管理模式应运而生。1962年总体设计部的成立，对整体工程中各分系统的技术难题进行统筹协调，并与外部环境有机结合，以求总体设计的合理。对于这次试验失败的经验教训，从火箭研制程序和组织管理方面进行了总结。1962年11月制订的《国防部第五研究院暂行条例（草案）》，集中体现了那个时期航天工程科学管理的成果。运用这种管理、组织的系统设计，中国的导弹工程开始有条不紊地进行。1964年6月，经过重新整体规划设计后的"东风二号"导弹成功上天，后来的几次导弹发射试验也都非常顺利，并在1966年的"两弹结合"试验中也取得了胜利。

"严肃认真，周到细致，稳妥可靠，万无一失"永远是航天人的座右铭。20世纪60年代，周恩来提出的"十六字方针"，高度概括了航天人应具有的工作作风，到今天对航天工程质量管理仍具有巨大的现实指导作用，成为航天人永恒的座右铭。1994年，原航天工业总公司决定把每年的3月22日定为"航天质量日"。

---

① 航天人在实践中创造了质量问题在技术上归零和在管理上归零的标准，因为各为五条，故称"双五条归零"。质量问题在技术上归零的五条标准是："定位准确、机理清楚、问题复现、措施有效、举一反三"；质量问题在管理上归零的五条标准是："过程清楚、责任明确、措施落实、严肃处理、完善规章"。参见：栾恩杰. 航天系统工程运行［M］. 北京：中国航天出版社，2010：5。

航天科技集团公司为铭记 2004 年 9 月 21 日某重点型号批抽检弹飞行试验失利的惨痛教训，为警醒全体员工牢记教训，决定将这一天确定为新的质量日。航天人在每年的"航天质量日"前后，都要开展一系列质量教育活动，以做到警钟长鸣。

## ■ 三、空天科技协同创新发展的现状

中国空天科技事业的发展，为维护国家安全、推动科学技术进步、服务经济社会发展、促进人类文明进步做出了重要贡献。进入新时代，我国空天科技事业发展既面临着难得的机遇，也面临着新的挑战，这些机遇与挑战构成了空天科技协同创新发展的大背景。同时空天科技自身创新发展也存在着一些迫切需要解决的问题。抓住空天科技事业发展大机遇，迎接大挑战，解决自身问题，都需要我们研究新时代空天科技融合发展问题，切实提高空天科技与技术创新发展的能力与水平。

### （一）潜在的机遇

新时代我国空天科技协同创新发展面临的有利条件有很多，如，有几十年形成的我国发展空天科技事业的基本经验，有党中央提出的"建设航天强国"目标的牵引，有国家长远战略的支撑。这些有利条件，是做好新时代我国空天科技协同创新发展的难得机遇，必须珍惜和充分利用。

#### 1. 我国空天科技事业发展的经验启示

根据学者们的总结，主要应该有以下几点：坚持党的领导，规划实施发展空天科技事业的国家整体战略；坚持大力协同，发挥社会主义制度集中力量办大事的政治优势；坚持自力更生，探索一条独立自主的空天科技发展道路；坚持突出重点，制定有所为有所不为的战略方针；坚持组织创新，打造坚强的领导管理体制和顺畅的运行机制；坚持质量第一，构建系统工程理论和可靠的质量管理体系；坚持人才先行，锻炼培养一支勇于开拓创新的人才队伍；坚持精神塑造，培育弘扬航天精神激励航天人不懈奋斗；坚持协同融合，走技术、产业、设施、人才等

深度融合路子；坚持开放合作，同国际社会一道和平探索、开发利用太空。

2. 建设航天强国的国家目标牵引

中共十九大突出关注航天领域的进展，在讲到整个国家五年创新成就时，专门突出了航天建设成就，在制定未来发展目标时，提出要经营好国家的"高边疆"，把"建设航天强国"作为战略目标写进了报告。

3. 国家长期发展战略和装备制造战略的支撑

我国"十三五"规划纲要明确指出，在培育发展战略性产业方面，要加强前瞻布局，力争在空天海洋等领域培育一批战略性产业；提出大力发展新型飞行器及航行器、新一代作业平台和空天一体化观测系统，着力构建量子通信和泛在安全物联网等，打造未来发展新优势；提出大力推进空间技术综合服务系统等新兴前沿领域创新和产业化，形成一批新增长点，等等。这些都为空天科技创新发展提供了广阔的政策支持和政策引导空间。

## （二）面临的挑战

没有挑战就没有动力，没有挑战就没有进步。新时代，中国空天科技事业发展面临着来自多个方面的一系列挑战。这些挑战，有来自国际航天强国咄咄逼人的打压和恫吓，有来自众多航天发展中国家的友好竞争；有来自国内经济体制改革的新要求，也有来自民营航天和商业航天的潮流冲击。这些挑战，既构成了空天科技事业发展的动力，自然也成为空天科技协同创新前进的动力。应对这些挑战，要求中国航天、中国空天科技必须加快推进技术创新。

美国重建国家太空委员会以恢复太空领域领导力。2017 年 6 月 30 日，美国总统特朗普签署行政命令，下令重建"国家太空委员会"。时任美国航天局代理局长的罗伯特·莱特富特在一份声明中说，重建"国家太空委员会"又一次表明特朗普政府对太空探索的浓厚兴趣，将能帮助美国航天局"实现许多雄心勃勃的里程碑"。更为令世人担忧的是，美国已经正式组建了太空军。特朗普在 2019 年 2 月签署"第四号太空政策方针"，责令国防部成立美国第六个军种太空军。美国副总统、"国家太空委员会"主席彭斯再次提到，特朗普政府正推动相关计划，以在 2020 年之前建立新军种"太空军"，并称该军种将"专门致力于保障美国在太空的安全"。彭斯声称，中俄都在研发新技术和所谓"武器"来"对抗"美国的太空能力，并称美国政府致力于"在这一关键领域中保持领先对手"。其实在美国空军之内早有太空指挥部。彭斯在 2018 年 10 月在评价美国创建太空军的意图时就表示，他认为外太空实际上已经成了进行军事行动的领域，就像陆地、海洋和空中一样。他呼吁美国在太空中建立"进攻潜力"，并加强对美国卫星（主要是军事卫星）的保护，"我说这番话的目的是，我们首先要了解太空已经成为进行军事行动的媒介。"

美国副总统彭斯宣称组建太空军的一个重要理由是，太空面临着中国和俄国的威胁。在 2019 年的卫星年会上，彭斯称"美国的敌人"正在将太空作为下一个作战领域，他特别提到中、俄等国在太空的威胁。他借机宣扬"太空威胁论"，称近来"观察到趋势，某些国家将新型武器带入太空，包括部署反卫星和激光武器、轨道上具有高度威胁性的举动，以及难以追踪的高超声速导弹"。彭斯声称，中国这样的国家"正在积极开发、部署技术，美国的繁荣和安全正面临风险"，"事实上，从俄罗斯到中国、伊朗和朝鲜等国，都在干扰导航和 GPS 卫星，还发动陆基电子战。"

美国政府计划放宽航空航天探索限制动向，同样值得关注。2018 年 2 月，美国副总统、国家太空委员会主席彭斯称，美国政府计划放宽航空航天探索限制，增强美国企业在该领域中的研发自主性。彭斯指出，如果美国政府不放开对企业在航空航天领域的研发限制，美国在该领域的技术发展将逐步落后于世界领先水平。彭斯表示，美国政府将转型成为航空航天领域研发的合作伙伴和客户，不再占据主导角色。他指出，在这一改革中，当务之急是航空航天企业在火箭发射中的许可牌照问题。这些企业在美国不同地方发射火箭，面临来自各个地方的许可障碍，减慢研发进度。这些举措，无疑会有助于在政府和企业之间营造出一个自主创新的环境。

### （三）存在的问题

目前，我国整个空天科技的技术水平与主要竞争对手的差距，还十分明显。这一差距产生的原因，既有体制机制方面的，也有创新组织管理方面的，这些都是制约新时代我国空天科技快速发展的问题，要实现建设航天强国的战略梦想，必须解决这些问题。

1. 顶层设计看，统一规划还不够

计划经济时期，我国航天领域各项成就的取得，一个很重要的经验就是全国一盘棋。改革开放后，随着社会主义市场经济进程的加深，我国航天领域创新活动与创新资源的统一规划明显不够，具体表现在以下几个方面：一是基于国家战略和国防战略全局高度，对各类创新资源、各项创新活动系统规划不够，在空天科技研制生产过程中，大量存在把单项技术研发作为整个研发活动的现象，导致相关研发技术成果因缺乏配套技术支撑而难以形成技术群，进而无法转化为装备与生产力、战斗力；二是装备体系缺乏顶层设计，空天科技军兵种联合研制需求统筹不够，导致军兵种知天用天互通，互联不够，影响创新成果的使用效能；三是需求统筹不够，科研项目立项没有充分考虑军品研制与民品开发之间的协调关系，造成大量先进的技术无法转化为高技术附加的民品产品。

2. 体系结构看，分割还比较严重

空天科技创新是一项涉及众多领域的复杂工程，其最终创新成果的好坏除了依靠军或民创新子系统内部有效运转，更需要彼此之间以及与之配套的相关产业的有力支持。而现实情况是，改革开放后形成的航天领域分割的局面久久难以打破。目前，我国航天领域创新系统大体可以分为由军方所属院校、科研机构构成的军队科技创新系统，由国防工业高校、科研机构和军工集团组成的国防科工创新系统，以及由各级政府、普通高校、科研院所和非军工企业组成的地方科技创新系统。这三个创新体系之间彼此分割，各自为战，缺乏协作。即使在每一创新体系内部，也存在不同所有制性质的企业、科研院校之间沟通协调不够，甚至同一集团公司内部不同院所之间也存在协同不够，彼此争项目的现象。这种行业分割、自成体系的做法造成空天科技领域技术研发重复投入，技术成果难以相互转化、共享，最后的结果就是整个空天科技创新发展的绩效水平低下，难以满足空天科技快速发展的需要。

3. 从微观基础看，企业创新主体作用还难以充分发挥

在市场经济条件下，企业是经济运行和各类创新活动的微观基础。这里的企业应该是具有独立市场地位，符合现代企业治理要求，不受身份限制，能够独立自主、公平公正参与各项经济活动的企业。然而，当前在包括空天科技在内的整

个武器装备科研生产中，微观基础的企业普遍缺乏独立市场主体地位。例如，传统军工企业的行政色彩还相当浓厚，公司治理结构还不完善，产权制度不明晰、内部激励机制不健全等现象还比较普遍，这使得军工企业创新活动的内生动力明显不够，没有紧迫感，缺乏主动性。近些年，一些民营高科技公司快速崛起，从技术能力、管理能力方面而言，完全具备了参与空天科技与技术研发的实力，但受制于非公有制经济参与国防市场竞争政策环境的不完善，受制于传统军工企业出于既得利益考虑不愿主动合作，受制于军方路径依赖于传统研制格局，等等，导致这些具备创新活力，能够有效提升创新效能的新生力量难以进入空天科技的研发。其他的，诸如地方军工、民口单位、非公经济参与空天科技科研生产面临的信息不对称、待遇不公平等障碍也仍然较多，难以有效参与竞争。

# 四、本章小结

本章从领导决策、组织体制沿革和创新方式三个层面，对中国空天科技的创新进程进行了梳理回顾，指出中华人民共和国成立以来，我国空天科技研制过程就是协同创新的过程，强调空天科技领域成就的取得与国家领导人的亲自部署决策密切相关，提出空天科技创新方式经历了反设计、仿制、自行研制、自主可控等几个阶段；在简要介绍已有研究成果的基础上，基于技术创新视角，概括了中国空天科技协同创新的五条成功经验：中央专委领导下的"大力协同"、制定发展路线图加强规划、创新科技发展运行模式、系统工程理论和质量管理理论的创新、注重总结教训积累创新经验，重点对中国航天特有的"一个'总体部'，两条'指挥线'、'三步棋'程序"的航天技术与装备研制运行模式进行了概括论述；着眼于空天科技未来发展，从潜在的机遇、面临的挑战和存在的问题等三个方面，分析了空天科技协同创新的现状，指出统一规划不够、分割还比较严重、企业创新主体作用还难以充分发挥等是提升我国空天科技协同创新发展能力迫切需要解决的三个问题，为下一步有针对性地开展理论研究、制定相应对策提供了经验与实践基础。

# 第四章

# 空天科技协同创新的系统分析

系统是由相互依赖的若干组成部分结合成的具有特定功能的有机整体。将事物视为一个系统，运用系统科学的思路与方法加以认识与考察，是人类思维的新突破，也是当前学者们研究复杂事物运用的重要方法。从系统和体系角度看，空天科技协同创新是一个由不同创新领域内的创新主体、创新客体和创新资源等构成的一个具有稳定结构，能够实现既定功能，与外部环境进行沟通交流的有机体，其核心内容是空天科技知识创新的生产者、传播者与使用者，以及与此相关的军队和政府等管理机构之间的相互作用。基于此，本部分拟用系统分析的方法，从功能、要素、结构、运行以及环境等五个方面，分析空天科技协同创新，深化对"是什么"问题的认识，为后续进一步研究奠定坚实的理论基础。

## 一、要 素 分 析

要素是指构成事物不可或缺的因素与条件。可以说，任何事物的存在和发展都离不开彼此相互依存、相互制约的因素与条件，也就是要素。这一点已为大家公认，但对于要素的具体构成，由于视角与范围的不同，却众说纷纭。按照既要考虑全面，又要适当抽象概括的原则，结合众多学者对系统要素构成的分析，下面从主体、客体以及联系主客体的工具三个层面分析空天科技协同创新系统的构成要素。

## （一）主体类要素

何谓"主体"，不同学科有着不同界定。《现代汉语词典》给出"主体"的四种含义①。显然本书研究的创新主体是哲学上讲的主体，是指对客体有认知和实践能力的人或者机构，是相对客体而言在事物发展过程中具有能动作用的因素。空天科技协同创新主体是指从事空天科技创新活动的人或机构，涉及政府机关、军队部门、军队与地方所属高等院校与科研院所、军工企业、民口企业、金融机构、中介组织、非营利组织等多个方面。根据这些创新主体在创新中发挥功能作用的不同，可以将它们划分为三大类：管理类主体、创新类主体和服务类主体。

1. 管理类主体

管理类主体在协同创新过程中，主要负责制定政策法规、发布需求信息、准入资格审查、运行效果监管、不同创新类主体矛盾冲突协调等工作，是空天科技协同创新活动顺利开展不可或缺的因素。

政府具有行政管理、宏观调控、预算投资等多重职能，对于空天科技协同创新的开展有着至关重要的作用。在国家部委层面，所有涉及融合发展的机关的一项共同性职责就是贯彻落实国家和中央军委有关融合式发展的各项方针政策。在此基础上，每家部委机关职责稍有不同。国家发展和改革委员会在空天科技协同创新管理中的主要职责是：制定国防科技工业投资体制改革配套措施和办法，促进航天以及与航天相关产业发展，促进产业结构调整和产业升级，推动协同融合产业与国家相关产业基地融合发展。国务院国有资产监督管理委员会的主要职责是：军工资产投资改革，军工固定资产管理，对承担武器装备科研生产任务的民用企业进行投资管理。科技部在包括空天科技协同创新在内的协同融合管理中的主要职责是：建立民用高新技术及产品动态推荐目录，支持二次开发，组织高等院校、民用科研机构和国防科技机构的协作，组织重大科研项目的联合攻关。工

---

① 分别是：事物的主要部分；在双向的关系中处在主动地位的一方；哲学名词，和客体相对，指对客体有认识和实践能力的人；法学用语，民法中指享受权利和负担义务的公民或法人，刑法中指因犯罪而应负刑事责任的人，国际法中指国家主权的行使者与义务的承担者，即国家。具体见《现代汉语词典》，商务印书馆，1986版，第485页。

业和信息化部在空天科技协同创新管理中的主要职责是：加快新材料、新能源、电子信息、装备制造等新兴产业发展，加快电子信息产业和基础设施建设的协同融合式发展，等等。财政部在空天科技协同创新管理中的主要职责是：提供空天科技创新发展财政支持、税收优惠政策。上述政府管理，按职能可以归纳为战略部署、市场调节、国有资产管理、军工业务管理等四大类，分别对应国务院有关部委和局。

军方管理主体是空天科技的需求方，在空天科技协同创新活动中起着核心作用。军方管理主体最主要的职能是根据国与国之间太空竞争战略格局以及国家太空发展战略，提出空天科技发展需求，并代表空天科技购买者和主要投资主体，通过一定的管理手段，直接或间接地给空天科技协同创新体系施加调控意愿。按职能定位不同，军方管理主体可以划分为军方装备建设管理、军方装备采购管理、计划管理、项目管理、合同履行监督管理、绩效评估管理，以及装备采购和招标管理等不同类型，涉及军委科技委、军委装备发展部和战略支援部队。

2. 研制类主体

研制类主体就是具体实施创新活动的相关主体，主要指来自不同领域的各类企事业单位和机构，具体包括以科研院所、高校为主侧重基础研究的创新主体[1]和以企业为主侧重应用研究的创新主体。

以科研院所、高校为主侧重基础研究的创新主体在空天科技创新发展过程中具体发挥三个方面的功能：一是从事知识创新，就是进行各种科学研究，生产并传播知识，为技术创新提供理论与思想源头，这是科研院所和高校在创新体系中最为基础、最为重要的功能；二是培养创新型人才，就是通过教育培训，塑造创新体系所需的技术人才和管理人才，为创新绩效的提高提供人力资源支撑；三是产学研合作，就是运用知识创新的成果（如专利等知识产权）通过与企业联合

---

① 在创新系统中，科研院所和高校通常被视为知识创新主体，主要从事基础研究，这也是本书定位它们为"侧重基础研究"创新主体的原因所在。当然，近些年，由于科学和技术的快速发展，基础研究、应用研究和技术开发的关系越来越紧密，因此，科研院所和高校同时也是产业技术创新供给的主要源头，在产业共性技术和关键技术研发中扮演着不可忽视的角色。就航天装备创新发展而言，以哈尔滨工业大学、西北工业大学等为代表的高校，具有非常强的技术研制和开发能力。

开发，将知识创新和技术创新衔接起来，实现科技成果的商业化、产业化。在协同融合视角下，以科研院所和高校为主侧重基础研究的创新主体又可以分为军和民两大类，在创新体系中发挥着各自特有的优势与作用。军方侧重基础研究的创新主体包括军队所属的科研院所和高校，它们是军队科研体系的主体，也是包括空天科技在内的武器装备协同创新力量的重要组成部分，主要从事国防科研任务，负责提出武器装备作战需求。军方侧重基础研究的创新主体还包括国防工业系统科研院所和高校，它们是空天科技协同创新的重要力量，主要从事与空天科技创新发展相关的基础知识、技术和原理等的研发，是探索性研究和预先研究的重要力量。

以企业为主侧重应用研究的创新主体，就是空天科技协同创新中承担研制和生产任务的企业。但这里的企业，已经绝不仅仅是原来意义上的单纯从事生产和制造的企业了，而是承担大量研发任务，具有很强的应用创新能力的企业。从世界发达国家经验看，某一行业或产业龙头企业往往具有较强的研发基础和研发能力，通常是该行业或产业研究与开发活动的主要承担者，承担了绝大部分的应用基础研究和应用研究，是行业或产业共性技术和关键技术的主要供给主体。以企业为主侧重应用研究的创新主体包括军工企业和参与军品生产企业两大类①。在空天科技协同创新体系中，军工企业始终处于研制生产的核心地位，对于空天科技创新发展起着举足轻重的作用。在空天科技协同创新中，军工企业主要负责空天科技分系统及总装生产、革新空天科技制造技术和辅助开发空天科技构成技术。参与军品生产企业是空天科技创新发展的生力军，是激发空天科技创新发展活力的重要力量，是增加空天科技持续创新能力的潜在力量。在参与军品生产企业中，相比传统大型企业，民营小企业具有创新效率高、反应速度快、创新接受程度高、应用化程度高等特点，因此要采取措施确保其在空天科技创新中发挥作用。当前，参与空天科技生产的企业以民营企业为主，在空天科技研制生产中主要扮演分系统

---

　　① 本书中的军工企业具体是指十大军工集团及其下属公司，重点是指航天科技、航天科工和电子工业三大集团。参与航天装备生产企业，主要是指除传统军工企业以外的，拥有航天装备研制生产技术实力，愿意参与航天装备研制生产的所有企业，既包括公有制企业，也包括各种混合所有制企业，当然也包括民营企业。有学者以所有制性质将参与军品生产的所有企业划分为国有军工企业和民营军工企业，作者觉得这种划分方法不能准确和全面概括参与航天装备研制生产企业的类型。

承包和零部件、原材料承包的角色，其地位作用与其拥有的技术实力有一定的差距，应该采取有效措施培育和扶持这些企业参与、承担更多的研制生产任务，以改变空天科技研制生产竞争格局。

3. 服务类主体

服务类主体是指为空天科技协同创新提供各种服务保障的相关主体，主要包括提供资金融通、技术转移和技术基础等服务的功能支撑机构。服务类主体是空天科技协同创新的重要组成部分，是空天科技协同创新成果扩散、转化与应用的重要环节。

提供资金融通服务的各类主体，比如银行、保险公司、债券公司等，能为协同创新提供政府性投资之外的创新体系平稳运行需要的资金。符合协同要求的最主要的资金融通方式是筹集社会资本，并将其注入协同创新项目。通过投资融资，可以加强军工企业与参与军品生产企业之间的交流、融合，优化参与军品生产企业进入空天科技研制生产的领域渠道。技术转移中介机构，具有促进空天科技协同创新成果转移和应用的桥梁和润滑剂的作用。技术转移中介机构主要是加强信息交流，促进科研院所、高校、企业之间的技术交流，并在这一过程中获取相应的服务报酬。技术转移中介机构可以是官方组织、半官方性质的联盟、协会组织、特定领域的专业服务机构或大学里的技术转移办公室等。空天科技协同创新需要理顺体系内技术、管理、产品等诸多融合对象的通用性和兼容性，因此需要有机构提供诸如标准、计量、检测等服务。在本书里，这类机构被称为技术基础服务主体。

可以看出，上述空天科技协同创新主体各要素，是按照创新活动中创新主体扮演和发挥的作用划分的。除此之外，理论界还有学者根据创新主体组织形态高低层次的不同，将创新系统中的创新主体划分为创新个体、创新组织和创新机构。

创新个体是指具有创新能动性的、能够相对独立完成创新活动的个体，包括科学家、发明家、工程师等。创新个体是创新主体的基本形式，在创新中具有基础性地位。由于其缺少协作，在近代科学的初期阶段，它是创新主体存在的主要形态。创新组织是一个由多个创新个体组成的，具有不同层次和不同任务分工的，共同致力于创新目标，获取创新成果的稳定的系统。显然，创新组织不是创新个体的聚合，或者说线性叠加，而是包含着各种信息反馈在内的非线性组织，其层次明显高于创新个体。在现代科技条件下，创新个体的创新活动基本处于组织形态内，甚至是跨组织。空天科技协同创新就是由来自不同创新组织内的创新个体聚焦在一起协同攻关。创新机构是创新组织的制度化和职能化，是更高层级的创新主体存在形态。一般来讲，创新机构可能包含许多专门化程度很高的创新组织，分别承担或执行不同的创新活动，共同致力于实现创新目标。创新个体、创新组织和创新机构等不同形态创新主体之间的关系如图4－1所示。

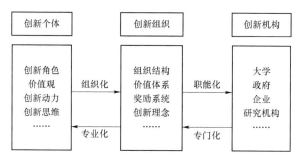

**图4－1　基于形态层次的创新系统主体要素构成**

考虑到空天科技协同创新的复杂性，创新主体要素的存在形态应该以创新机构和创新组织这两种形态为主；对于参与创新活动的具体创新个体，应该注重通过制度和机制设计，发挥组织对创新个体的规范、选择和引导作用。

## （二）客体类要素

创新客体是与创新主体相对而言的，是指创新活动中创新主体运用已有的知识、技术、管理等创新资源与方法所作用的对象，或对特定的物质、能量与信息进行重组与再现所产生的具有新价值与新效用的创新成果。我们可以根据创新成果的基本形态，将空天科技协同创新客体分为物质形态客体和非物质形态客体两大类[①]，分别进行深化认识与把握。

---

① 不管如何划分，关于创新客体有一点是不变的，那就是创新客体是与创新主体相对而言的，是创新实践中创新主体创新活动所指向的、作用的对象，或所产生的成果，包括各种事物、过程和现象。另外，需要进一步说明的是，创新客体与客观事物不能等同。一般而言，创新客体是进入创新活动范围的客观事物，或创新活动所产生的具有客观存在性的新事物。因此可以说，创新客体是客观事物，但创新客体不是已有客观事物的机械位移、复制、拆分和组装，而是原来的客观事物融入了创新主体的知识、经验与价值，改变了原有的形态，形成具有新价值、新功效的产物。参见：曹山河. 论创新主体与客体 [J]. 湖南社会科学，2007（1）：11－14。

### 1. 物质形态客体

所谓物质形态客体，就空天科技协同创新而言，主要是指进入协同创新活动范围的，协同创新主体创新活动所作用的或所创造的各类空天科技。这里的空天科技可以是全新一代的、即将交付使用的装备，也可以是处于武器装备全寿命周期各个阶段的所谓装备，例如，探索和预研阶段的原理样机，工程研制阶段的初样机、正样机，试验定型阶段的试验样机，甚至是使用阶段经过协同创新进行了功能升级的原有装备。同样，物质形态的客体，可以是整机，也可以是半成品、零部件等。只要是创新活动所作用的，或者内化了协同创新成果（知识、技术等精神形态客体）的，都属于空天科技协同创新物质形态客体。

### 2. 非物质形态客体

非物质形态客体，是与物质形态客体相对而言的，也可以叫作精神形态客体。就空天科技协同创新来讲，非物质形态客体是指航天领域等不同创新主体协同运用创新资源对特定的物质、能量与信息进行重组与再现所产生的，诸如新知识、新理念、新技术等创新成果。具体可以细化为知识类、技术类、制度类、管理类四种类型，分别可以称为知识类创新成果、技术类创新成果、制度类创新成果、管理类创新成果。需要说明的是，这几类非物质形态客体，有的与空天科技创新发展密切相关，是协同创新的直接结果，可以直接转化为物质形态客体，比如知识类创新成果和技术类创新成果；有些则主要是制度类与管理类创新成果，更多的是协同创新活动的伴生创新成果，具有普适性，可以应用于其他创新活动，甚至是生产组织活动，例如协同创新体制、政策、组织原则等这些制度范畴的创新成果。

类似前面对于空天科技协同创新主体类要素构成的分析，这里也可以根据创新客体在创新系统演化过程中的存在状态不同，将创新客体区分为过程形态和产品形态两种类型。产品形态客体比较好理解，过程形态客体其实就是指创新主体在创新活动中创新行为所针对的作为过程的创新对象。需要说明的是，不管创新客体具体形态怎么划分，其在创新系统中的地位都是相同的，并且每一形态客体往往并不孤立存在，更多的是以几种形态，或者复合形态存在。

### 3. 航天技术

作为创新主体运用已有的知识、技术与管理等创新资源协同创新产生的创新成果，航天技术在空天科技协同创新多样形态的客体类要素中占有十分重要的地位，是协同创新的重要创新成果。

相对一些传统产业技术，航天技术在本质上是一种高度系统化、综合化、由多技术领域共同支撑的技术形态，具体体现在两个方面。一方面，航天技术发展涉及多样性的科学与技术领域。有统计显示，航天技术的发展离不开十几个科学学科和几百种技术专业的支撑，例如，数、理、化、天、地、生、声、光、电、磁、力、热，电子、机械、化工、冶金，冷、热、高低温技术，各种新材料技术、信息技术、生物技术、微电子技术等，"几乎没有一行一业不是航天科技的基础"。另一方面，航天技术是集成多种技术的系统整体。航天技术并不像其他具体领域的技术具有相对独立性，而是在综合吸收、利用、集成相关技术领域的具体技术而涌现出来的全新的复合技术，它既受制于其他技术的特性和发展状况，又具有具体技术所不具备的本质特性。

航天技术的这一特点，对空天科技协同创新提出了特殊要求。比如开展创新活动，首先要解析航天技术的一般属性和在某方面的特殊性质，寻求与其他支持技术的内在关联性，使二者在航天技术创新需求、创新目的上达到最大程度的协调与融合；再比如，在关键技术创新方面，要充分认识其技术特性、评估技术创新的可能性、技术创新的难度等技术因素，以及技术创新的环境因素，如支持性技术的可获得性、资金投入等，做出综合判断后选择适合航天技术发展特定阶段的技术创新模式。

## （三）工具类要素

工具类要素，也可以称为中介类要素，是指创新活动中创新主体作用于创新客体，借以实现创新行为的物质工具与精神工具。就空天科技协同创新系统而言，工具类要素是指协同创新主体作用于客体的各类工具，具体包括应用于协同创新实践的实验用房、实验设备设施、科学装置、测试基地、图书情报中心和技术基础设施等物质类工具，也包括已有的、可用于本次空天科技协同创新活动的观念、知识、方法、技术、信息、制度、体制、文化、组织等精神类工具。

在上述工具类要素中，物质类工具是空天科技协同创新活动中，创新主体作用于创新客体获得创新成果所不可缺少的物质条件，也叫作物质性资源。这些资源，作为以往人类创造活动的成果，在创新主体的作用下参与了创新成果的创造，其数量与性能水平决定最终创新绩效的高低。进入新时代以来，空天科技技术密集程度越来越高，研制生产复杂性越来越大，与其相对应，其创新活动的开展、创新成果的获得，对物质类工具（物质性资源）的要求就越来越高，这种要求既包括技术含量，也包括资金投入，往往是单个创新主体难以负担的。正因为这样，空天科技研制领域的联合攻关、协同创新同其他领域相比，范围明显广，程度明显深。比如，不仅可以打破一国国内之间、不同所有制创新主体的身份限制，甚至可以打破国别限制，进行国与国之间的协作和联合攻关。

需要说明的是，空天科技协同创新系统客体类要素与工具类要素中都有观念、知识、方法、技术、制度、体制、组织、文化等要素，尽管两者在存在形态上完成相同，都是非物质形态的，但两者又明显不同。区别在于工具类要素中的观念、知识、方法、技术、制度、体制、组织、文化等往往是已有创新活动的创新成果，是创新主体主动以工具、手段等方式运用以前创新活动中产生的创新成果，经过本轮创新活动产生的观念、知识、方法、技术、制度、体制、组织、文化等，显然是更高层次的，是作为创新成果，也就是创新客体存在的，而在下一轮则可能又以工具的形式参与创新活动。区分两者的关键，简单地讲，就是看其在创新活动中所起的作用。两者的联系则在于工具类要素中的观念、知识、方法、技术、制度、体制、组织、文化等是客体类要素中的观念、知识、方法、技术、制度、体制、组织、文化等产生的前提，而客体类要素中的观念、知识、方法、技术、制度、体制、组织、文化等则是工具类要素中的观念、知识、方法、技术、制度、体制、组织、文化经过创新主体运用并且作用于创新对象后的产物。

## （四）基本要素之间的关系

从要素构成角度讲，空天科技协同创新就是主体类要素、客体类要素和工具类要素这三种基本要素之间相互影响、相互制约和相互促进，整体发挥作用的过程，具体如图4-2所示。

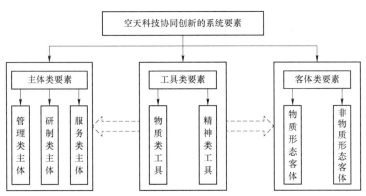

图4-2　空天科技协同创新系统要素构成

　　根据马克思辩证唯物主义原理，不难得出空天科技协同创新系统上述三个基本要素之间的关系。这其中，协同创新主体类要素是空天科技创新实践活动中唯一能动的方面，承担着驾驭、控制创新活动方向与程度的任务，是创新活动的发动者、创新过程的承担者，也是创新成果的享用者。可以说，其能力水平决定着整个协同创新系统的能力水平。协同创新客体类要素是相对主体类要素而言的，尽管在创新过程中处于被改造和被支配的地位，但其性质与结构决定着创新行为的难度，对创新主体的能力结构有着特定的要求，也就是客体类要素对创新主体类要素也具有反作用。作为联系协同创新主体类要素与客体类要素的桥梁的工具类要素，构成了空天科技协同创新系统基本的内在环境，对于激发协同创新主体类要素的创新能动性，促进主体类要素与客体类要素紧密结合，发挥着重要作用。总之，空天科技协同创新系统的创新效果与系统中的每一个要素作用的发挥都密切相关，要想实现创新效果最优化，最基本的要求就是充分发挥各要素在创新系统中的作用，让各要素协调一致，获得最大创新能力。

## ■ 二、结构分析

　　结构是要素相互作用、相互联系的方式。结构影响行为，进行结构分析是系统分析的重要方法。因其涉及领域广泛、构成要素多元、联结机制复杂，导致系统结构划分的方式以及随之而来的分析方式多种多样，借鉴大多数学科对于系统结构的划分和分析方法，结合空天科技协同创新特点，可以从以下角度展开分析[①]。

## （一）基于层次的结构

层次是系统由元素整合为整体过程中的涌现等级，不同性质的涌现形成不同的层次。层次是认识系统结构的重要工具，开展基于层次的结构分析是系统结构分析的重要方面。作为一个复杂巨系统，空天科技协同创新系统整体性质的获得与呈现，也是通过一次一次涌现实现的，每一次涌现会形成一个层次，逐层整合、递进，最终形成系统的整体性[②]。依据整体涌现理论，空天科技协同创新系统由低到高可以划分为技术层级、工程层级和产业层级等三个层级，具体如图4-3所示。

可以看出，技术层级是空天科技协同创新系统的基础层级，在整个创新系统中居于核心地位。之所以强调技术层级在整个协同创新系统中的基础与核心地位，是因为空天科技协同创新系统其他层级的创新行为最终都指向技术层级，通过技术层级实现获取航天领域关键知识与技术创新。另外，通过技术层级最终实现的关键知识与技术创新不仅能够实现整个系统的创新目的，而且还可能诱发一系列相关航天知识技术创新的发生。

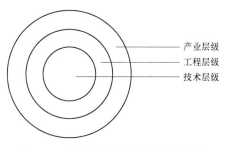

产业层级
工程层级
技术层级

**图4-3　空天科技协同创新层次结构**

① 系统结构分析最经常采用的是基于要素的视角，分析系统的构成要素、各要素在系统中的地位作用、要素之间的关系，等等。前面已经对系统的要素构成进行过专门分析，这里不再赘述。

② "整体涌现性"，简称涌现，是系统科学的重要概念，大致是指系统在与外界的物质、能量、信息交换的过程中，子系统通过有机综合形成新结构并实现新功能的过程。参见：魏巍，郭和. 关于系统"整体涌现性"的研究综述［J］. 系统科学学报，2010（1）：24-28。

工程本身有狭义与广义之分。这里所说的工程是广义的，指一群人为达到某种目的，在一个较长时间周期内进行协作活动的过程。就空天科技协同创新而言，工程层级的创新行为是指航天领域创新主体为获取航天知识与技术创新成果，通过一定的方式、力度在较长时间内进行的协作创新活动。工程层级是联系协同创新系统的核心——技术层级与其他层级的纽带，是实践中空天科技协同创新最经常采取的组织形式。航天领域创新实践已经证明，实施工程层级创新行为，例如"两弹一星工程""载人航天工程"，有助于更高效地整合创新资源，激发创新活力。另外，航天领域工程层级的创新行为对于带动和促进科技创新体系与科技队伍的建设，推动有关专业技术的进步、诱发新的学科，直接或间接地诱发和繁衍出新的高科技产业等，都有着重要意义。

产业层级，是空天科技协同创新成果之一——航天知识与技术在应用层面上所形成的系统层级。空天科技创新发展离不开航天知识与技术的创新，而航天知识与技术的创新离不开产业应用。可以说，航天知识与技术的不断发展和在应用方面的日趋成熟，随之走向产业化是知识与技术自身逻辑发展的必然。从这一角度而言，产业层级的创新行为对于加快整个创新系统的创新效率有着重要意义。相对其他层次，产业层级创新有着丰富的创新内容和创新空间，例如卫星通信、卫星导航、卫星遥感应用、空间生物和育种、电子信息、软件、新能源、新材料、航天特种技术应用等航天科技应用产业。这些产业的创新发展必然为技术层级创新成果的应用带来广阔空间，也为空天科技高效快速发展提供源源不断的技术支持。

空天科技协同创新行为既包括每个层级中单独发生的创新行为，也包括跨层级发生的创新行为，更多的则是在不同层级之间联动发生。由于参与创新活动要素、结构与功能等的不同，在不同的创新系统层级中，创新的特征、内容和方式也不同。

### （二）基于时空的结构

事物的发展、矛盾的运动总是存在于一定的时间与空间之中，时空分析是认识事物发展、矛盾运动的重要方法。空天科技协同创新系统的时空结构分析，就是分析创新系统的创新要素与创新行为在空间上并存、时间上继起的状况，具体如图4-4所示。

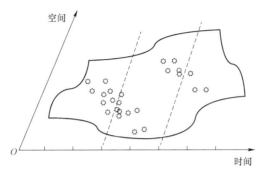

**图4-4 空天科技协同创新时空结构示意图**

空天科技协同创新的空间结构是指创新系统或创新要素在物理空间的分布或配置。创新系统总是处于特定的物理空间之中，这种空间既可能是处于某一地域的科研院所、国防科工企业、民营企业，也可能是处于不同地区的相关企业、科研院所等通过信息基础设施联结在一起的有机组织。我国空天科技协同创新系统的物理空间结构并不复杂，集中分布在北京、上海、西安等几个航天产业传统优势地区①。基于地区间资源禀赋、协同融合传统、产业布局、社会经济及发展程度的非均衡性，不同地区，拥有的人才、资金、技术、信息等创新资源多少也不同，政策支持多寡、协同融合氛围浓厚也不同，有没有相应的产业配套更是不同。可以说，空天科技协同创新的物理空间结构在很大程度上会影响，甚至决定着空天科技协同创新系统的运行效率。考虑到区域差异是区域发展过程中的一种难以避免的现象，提升空天科技协同创新系统运行效率，优化系统结构，必须注重对物理空间结构的分析。

系统的时间结构是系统在时间维度上的发展演变过程，是系统诸要素随时间推移而形成联系的组合形式。系统时间结构分析的重点是通过分析系统的演化，找出推动系统演化的内在规律。我国航天领域协同创新有着半个多世纪的历史，

---

① 物理空间结构，实际上就是创新系统的地域布局问题，重点是要处理好创新系统与所处地域的关系，使创新系统的创新要素入口与创新成果应用这个出口都能够顺畅，从而提升创新效率。这里的物理空间，一般是指一个国家内创新系统的分布。近些年，随着航天和军工领域开放程度的扩大，国际交流的密切，应该，也需要考虑航天装备协同创新融入全球创新链的问题，与此相伴随其物理空间也应该突破界限。

航天技术和装备领域的许多重大创新成果，都是协同攻关取得的。分析航天领域协同创新演化历程，可以发现动力机制与运行机制是推动创新系统从简单的结构走向复杂的结构，从不完善的结构走向相对完善的结构的重要因素。提升空天科技协同创新绩效，要在持续优化系统动力与运行机制上下功夫、见实效。

### （三）基于生态位①的结构

创新生态是从生态学的角度思考创新活动的，其基本主张是：创新活动是在一定的空间内、特定的创新网络中创新物种、群落及创新生态之间的相互联系、制约，创新生态内的创新参与者在创新环境中互动合作、共生共荣，共同推动创新发展。依据创新生态论的思想，可以构建出如图 4－5 所示的基于创新生态位的空天科技协同创新系统结构。

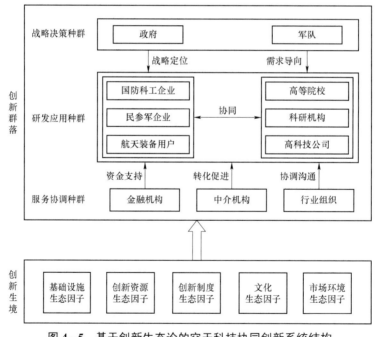

**图4－5　基于创新生态论的空天科技协同创新系统结构**

① 生态位是指一个种群在生态系统中，在时间和空间上所占据的位置及其与相关种群之间的功能关系与作用。生态位是由 Joseph.Grinnell 首先在 1917 年提出的，主要是指物种在群落中所占的分布单元，侧重空间位置。后来，随着研究的深入，学者们将生态位的概念进一步改进，突破了原有的生态位空间的界定，突出生态位本身的功能属性。

可以看出，基于创新生态位的空天科技协同创新系统就是在中华人民共和国这一特定社会空间内，以空天科技重大技术突破和重大发展需求为基础，以国家太空利用战略和太空安全需求为导向，以航天领域知识创新、技术创新，以及产品创新为目的，通过创新物质、能量、信息等的交换传递而相互联系、相互影响、相互依赖的，具有自适应、自调节和自组织功能的复合体。不难发现，在基于创新生态位的空天科技协同创新系统中，每一个创新主体在创新系统中的生态位都有所不同，发挥的功能作用也不同，如政府制定政策，高校和科研机构拥有人才和技术，消费者代表市场需求。每一种群优势作用不同，彼此功能互补，形成整体优势。依据创新生态论的思想，可以得到基于创新生态论的空天科技协同创新系统结构。

## 三、功 能 分 析

系统的功能是一种由系统各要素在特定结构下运行所具有的整体功能，是各子系统功能的叠加升华。就空天科技协同创新系统而言，除了具备地方创新系统和军队创新系统的各自功能，它还在军地两个系统功能基础上实现功能耦合，产生新的整体性功能。这种功能集中体现在能够实现"一份投入，两个或两个以上产出""1+1>2"的效应。这种效应与功能具体体现在军事、经济、文化、社会等各种层面。

### （一）提升空天科技创新水平

进入新世纪以来，随着全球利益格局的不断调整，国家间竞争的不断加剧，着眼于解决资源稀缺性与国防建设、经济建设不断增长和需求无限性之间的矛盾，各国纷纷采取措施，构建协同创新体系，搭建协同创新平台，促进结合，实现一体化发展。各国推进融合协同创新的具体举措和形式可能有所不同，但基本遵循"以军为主"的原则，注重发挥协同创新对国防科技与武器装备发展的促进作用。也就是说，在分析空天科技协同创新系统功能时，首先想的应该是军事性功能。空天科技协同创新系统的军事功能体现在多个方面，但最直接和最集中的体现在其提升空天科技创新能力与水平上。

以往空天科技创新主要依赖中国航天科技集团公司、中国航天科工集团公司，以及中国电子信息产业集团有限公司等传统军工企业，民营企业和军方参与度不够。应该说这种创新能力生成模式在空天科技更新换代速度比较慢的时代，还能够适应部队和国民经济发展的需求。近年来，随着军事大国进入太空步伐的加快、太空军备竞赛的加剧，空天科技含量日益提升，对技术进步的要求越来越高。打破不同创新资源之间的壁垒，构建空天科技协同创新系统，能够使创新主体突破原有创新组织方式、运行机制等的限制，实现创新资源在不同组织间的流动，从而激发和提升空天科技创新发展的效率与水平。例如，在空天科技预研阶段，通过军转民、民转军等形式，打破各自为战的局面，共同研发，创新成果共享，各自在优势领域应用，产生新的应用成果或需求，再次协同创新——进而不断提升空天科技创新发展水平，如图4-6所示。

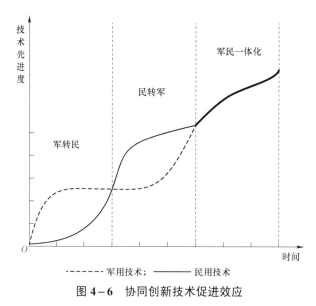

图4-6 协同创新技术促进效应

在图4-6中，依据实现技术共用方式的不同，划分为军转民、民转军和军民一体化三个阶段。在军转民阶段，军队与传统军工行业技术水平高于民用行业，共用技术水平的提升主要依靠军队与军工行业。而民转军阶段恰好相反，由于民用技术水平高于军用技术，共用技术水平的提升则主要依靠民用创新资源与力量。可以看出，这两种方式能够实现共用技术水平的提升，但效率明显低于第三个阶段——军民一体化。军民一体化具体有各种不同的形式，其共同的功能是能够为航天领域创新主体提供一个沟通交流的平台，使各创新主体能够在平台内顺畅地开展合作，这显然是有助于技术研发效率提升的。另外，创新系统能够通过制度和机制设计，降低研发中各种不确定性带来的风险，还可以形成协同创新的文化氛围与价值观念。所有这些都可以促进系统的平稳高效运行，进而提升空天科技技术创新能力与水平。

## （二）提高创新资源配置利用效率

发挥各自的比较优势，追求稀缺创新资源的合理配置与高效利用，是构建空天科技协同创新系统的出发点与落脚点。因此，空天科技协同创新系统最根本的经济性功能就是提高航天领域稀缺创新资源的配置与利用效率。推进空天科技协同创新，从宏观上讲，能够从国家层面统筹空天科技的规划计划，综合利用军地创新资源，灵活采取多样化的协同创新模式，从而进一步提高空天科技创新发展效益。从深层次讲，空天科技协同创新系统优化资源配置功能的实现，主要是通过形成有效竞争局面和发挥规模经济效应而获得的。

市场经济运行实践充分表明，在开放的条件下，有效竞争和适度规模经济是提升经济活动效率的有效手段。一方面，构建空天科技协同创新体系，推动科技协同创新，有助于打破两个市场之间的壁垒，激发产品与技术的潜在应用，从而扩大市场总规模，产生规模效应；另一方面，构建协同创新体系，能够打破原有市场格局，有效增加空天科技市场竞争主体，从而提高整个市场的竞争程度，激发创新活力。近几年来，我国空天科技市场，在强调和发挥中国航天科技集团和中国航天科工集团主体作用的前提下，积极鼓励引导民营企业参与空天科技科研生产，目的之一就是想培育和形成空天科技市场有效竞争的局面，激发这两家大公司技术创新的动力。目前，尽管效果还不是十分明显，但营造有序有效竞争的大方向不应该改变。

### （三）培育创新人才与创新文化

空天科技协同创新所进行的项目，或者具有基础性、前沿性，或者具有明显的应用性，往往属于重大工程任务和型号项目。一方面，按照国内外高层次创新人才分布和成长的一般性规律，从事这些研究更有利于创新人才的成长；另一方面，空天科技协同创新系统聚焦了一大批本领域高层次人才，强调集智攻关、以老带新、团队作战，这些举措不仅有利于实现创新成果的突破，同样也有利于创新人才的快速成长。

为了确保平稳高效运行，空天科技协同创新系统注重通过创新文化的培育增强凝聚力，消除不同创新主体因文化背景、具体利益诉求不同等带来的不和谐因素与风险。从这一角度讲，空天科技协同创新的过程，是技术创新的过程，是高层次人才培育的过程，也是协同创新文化培育的过程。所谓空天科技协同创新文化培育，就是通过采用有助于协同创新的价值标准，不断培育协同创新参与人员的价值观、思维方式、行为模式及相关的制度，形成更加有利于协同创新氛围的过程。空天科技协同创新系统文化培育功能集中体现在观念文化、制度文化的培育上。

观念文化是协同创新文化建设的核心和灵魂。空天科技协同创新系统能够在共同价值观念、思维方式、道德规范三方面，促进协同创新观念文化的培育。制度文化是以体制、机制、政策、规章等确定的制度环境，它对创新人员的思维、言行方式及生活行为习惯具有引领、约束和定型的作用。

## ■　四、运 行 分 析

运行，是系统功能的实现方式和方法。空天科技协同创新系统运行，从表面上看是创新主体围绕航天技术与装备开展的各种研发活动，从深层次看是创新能量、物质以及信息在不同职能域流动的一种交互过程。职能域（Function Area），简单地说就是指一个组织业务活动领域，这个领域是抽象概括得出的，而不是具体工作的罗列和照搬。基于职能域分析系统的运行，实质就是分析空天科技协同创新要素在不同创新领域的流动。这种领域的划分是以其在整个创新活动中发挥的主要职能、作用等抽象概括界定的。依据此原则，吸收借鉴武器装备全寿命周期理论[①]，可以将空天科技协同创新的活动领域概括为科研域、生产域和保障域三个职能域，具体如图4-7所示[②]。

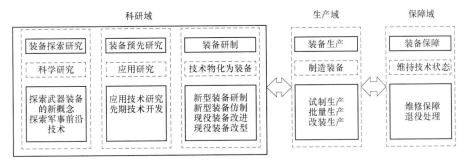

图4-7　基于职能域的空天科技协同创新的活动领域

## （一）科研域运行分析

空天科技协同创新科研域是从事空天技术科学研究和应用研究，推进空天科学技术物化为空天装备等活动的职能域。科研域是空天科技协同创新活动开展的重点领域，其运行直接决定空天科技的技术含量和作战效能，是空天科技协同创新生产域和保障域创新活动开展的前提与基础。考虑到科研域在整个创新系统的重要地位与作用，可以将空天科技协同创新科研域进一步细分为装备探索研究、装备预先研究和装备研制等三个子域。每一子域的职能与使命有所不同。

---

[①] 武器装备全寿命周期涵盖了武器装备的科研阶段、生产部署阶段和使用保障阶段，以及在这些工作之前、之后的一系列与装备发展密切相关的活动，涵盖了武器装备的全寿命过程，即从生到死（经历论证、研制、试验、生产、部署、保障、退役等）。考虑到论证、试验、部署等或者是科研域、生产域、保障域三者中的有机组成部分，或者与协同创新联系不大，本书吸收借鉴肖振华（2014）的研究成果，将空天科技协同创新的活动领域划分为三个职能域。

[②] 不同武器装备，其全寿命过程的阶段，因性质、功能、复杂程度等的不同而有所不同。图中对航天装备寿命周期的划分，在基本遵循装备生命周期理论的基础上，在科研域的划分上吸收借鉴了武器装备创新发展"四个一代"思想。图中关于不同阶段职能与任务的概括的依据主要源于《军语》。参见：全军军事术语管理委员会. 中国人民解放军军语（全本）［M］. 北京：军事科学出版社，2011：530，533，542，528-529。本书这部分吸收借鉴了肖振华（2014）等学者的研究思路与方法。

空天科技协同创新装备探索研究域，也就是在空天技术探索研究阶段，创新系统以开展科学研究为关键职能，针对空天领域新想法、新理念、新概念及相关军事前沿技术开展创新活动，主要任务是以科学技术的新进展和新应用为基础，探索空天技术的新概念，研究其技术机理、系统构成、军事应用前景、经济和技术可行性，探索军事前沿技术，研究其基本原理、实现途径和军事应用可行性。由于具备前沿性和基础性的特点，此阶段的协同创新行为主要在军队所属科研院所、高校与地方科研院所、高校之间展开。由于具备前沿性、基础性和探索性的特点，装备探索研究域创新活动具有高风险的典型特征。基于高风险、收益不确定等特点，为了激励装备探索研究域协同创新行为，要求政府和军方管理类创新主体通过政策制定、机制设计等措施，给予装备探索研究域创新主体以补贴，消除其从事创新所承担的过高风险，激发、支持有能力、有意愿的科研院所和高校进行装备探索阶段的协同创新。

空天科技协同创新装备预先研究域的关键职能是开展应用研究，完成从知识到技术的过渡，也就是有针对性地开展应用基础研究、应用研究和先期技术开发，为研制新型装备提供技术支撑，为改进现役装备的性能提供实用的技术成果，为国防科学技术进步和装备发展提供技术储备，为缩短装备研制周期、降低装备研制风险提供服务。可以看出，相对装备探索研究域的创新行为，装备预先研究域的创新行为和创新活动更有针对性，这也就大大提高了创新效率，而这种针对性的获得、创新效率的提升依靠的是装备探索研究域的前期积累。和装备探索研究域相同，航天优势学科背景的高校和航天相关学科的科研院所和高校依然是协同创新活动的主体，不同的是，此阶段的科研院所和高校必须具备国防科研生产资质。在装备预先研究域，一些拥有优势创新资源，比如研发人员、设备、资金、信息等的企业内部研究机构也会成为此阶段的创新力量。装备预先研究域的风险相比装备探索研究域大大减少，主要是存在因协同创新而导致知识外溢的风险，这就要求创新管理主体加强知识产权保护，明确收益分配比例，保护和激发创新主体的创新激情。

空天科技协同创新装备研制域的关键职能是通过创新行为使前两个阶段探索、预研的创新成果，主要是空天领域的最新科学技术，物化为空天装备。此域要完成的主要任务包括新型装备的研制、仿制和现役装备的改进和改型。装备研制域是科研域，乃至于是整个空天科技协同创新系统的关键领域，表现在装备研制域的创新活动效果决定了前两个阶段创新活动成果在装备上的实现程度，同时也决定着生产阶段能够生产出的装备的技术水平。在创新要素的配置上，装备研制域与前两个域的最大的区别在于企业作为创新主体加入，从而使协同关系由前两个域"研研"为主，演变为"产与研"协同为主。除此之外，在装备研制域，军队和政府等管理主体也实质性参与协同创新活动，"研"和"制"之间的协同也成为重要的协同形式。

### （二）生产域运行分析

空天科技协同创新生产域的关键职能是制造装备，就是在研制域装备定型后，由具备空天装备研制生产资质的企业生产制造装备，形式包括试制生产、批量生产和改装生产。相比前三个阶段，空天科技生产阶段涵盖的创新主体更多，协同关系更复杂。在此阶段，从事空天科技生产的主体包括国有性质的军工企业、民营性质的企业以及其他混合所有制性质的军工企业。尽管参与主体多样，但由于空天科技研制生产的高起点，因此，此阶段协同创新中发挥主导作用的依然是几大军工集团。总之，生产域协同创新关系的重点是"产与产"之间的关系，政府和军方作为管理主体在此阶段重点是协调"产与产"之间的关系，既要考虑维护市场公平性，也要考虑新的创新主体，比如积极鼓励民营企业参与空天科技配套生产。

### （三）保障域运行分析

空天科技协同创新保障域的关键职能是维护空天装备良好的技术状态，也就是通过创新主体围绕空天装备的使用与报废处理等开展创新活动。具体任务包括研究维修保养新技术，保证在役空天装备的良好的技术状态，延长装备寿命。协同研究空天装备报废处理技术，能够对已经达到最高服役年限，运营成本过大、运行风险高的空天装备做出处置。保障域创新主体是具有空天装备维修资质的企业，协同关系的重点是"军与产"。基于武器装备全寿命周期理论，保障域创新行为应该是前两个域创新行为的延续。提升保障域创新绩效，作为管理主体的军方，要在空天装备采购初期即着手考虑，以合同等方式约定装备交付后协同义务与责任。另外，要学习借鉴其他军兵种保障域创新经验，积极扶持空天装备保障专业力量，这种力量包括军队自己编制内力量，还包括预备役力量，从而增加保障域创新主体数量，提升能力。

### （四）三域逻辑关系与运行连接

对空天科技协同创新以职能域视角进行运行分析，意在反映空天科技协同创新在不同阶段协同的重点、内容和方法都不尽相同，并不是有意割裂三者之间的紧密联系。空天科技协同创新涵盖的研制、生产和保障三个职能域的创新活动，尽管重点、内容和方法有所不同，但三者之间围绕空天科技创新这一个共同目标开展活动，是把产业链、价值链、创新链等"三链"紧密联系在一起的一个有机整体，具体可以用图4-8表示。

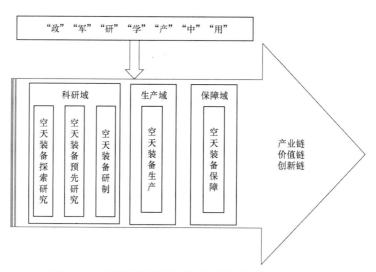

图4-8 空天科技协同创新"三域"关系及运行连接

从图4-8中可以看出，空天科技协同创新系统是一个围绕空天技术与装备研发（产业链），以满足应用需求，实现创新价值为向导（价值链），以创新性知识供给、技术供给和产品供给为核心（创新链），以利益、知识、技术、资金、信息等的流动为链条，涵盖科研、生产和保障三个职能域，联系"政""军""产""学""研""用""中"创新主体的一个有机整体。

## 五、环 境 分 析

空天科技协同创新环境，就是空天科技创新主体作用于创新客体谋取创新成果所依赖的环境，包括内部环境与外部环境两个部分。空天科技协同创新内部环境主要是指创新系统内不同创新主体之间、各创新团队之间、创新团队内部之间的相互作用关系。内部环境直接决定和影响创新平台内部沟通协调成本大还是小、创新氛围浓还是淡、创新能力强还是弱、创新效率高还是低，它是空天科技协同创新绩效提升必须考虑的重要因素。运行分析中论述的运行机制、运行模式和运行条件，涉及和解决的就是内部环境。在这里，重点分析空天科技协同创新系统运行的外部环境。空天科技协同创新外部环境是指影响空天科技创新发展的外部条件与因素，它往往决定空天科技协同创新的层次、形式和最终的绩效，对空天科技创新发展产生着重要影响。具体包括以下四个方面。

### （一）经济环境

空天科技协同创新无论是从投入来看，还是从其创新成果的商业化应用来看，都深受其运行所处的经济环境的深刻影响。例如，一个国家经济总量直接决定能够投入空天科技研发资金的总量，一般而言，一个国家经济实力越强大，投入空天科技研发的资源总量可能越多。再比如，包括所有制结构、区域经济结构、产业结构、技术结构、劳动力结构等在内的经济结构，影响和决定着空天科技协同创新系统的要素结构和布局。

空天科技协同创新是在中国特色社会主义市场经济这个大背景和环境下运作的，其运行过程中存在许多宏观调控机制，如政府主导、军方引导等作用的发挥，微观上也要靠市场机制发挥作用来实现。因此，市场环境因素是影响空天科技协同创新的一系列经济环境中最为重要的环境因素。影响空天科技协同创新市场环境方面的要素包括：市场类型，不同的市场类型代表着不同的市场竞争程度，从而会影响到创新主体在创新活动中和创新成果分配中的地位；市场机制，包括价格、供求、竞争等在内的市场机制是市场配置资源、调动创新主体积极性主动性的基本工具与途径，其完善与否决定市场作用发挥程度，进而影响协同创新绩效；合格的市场竞争主体，在市场交易中，买卖双方是否是自主经营、自负盈亏、自我约束、自我发展能力的法人实体，并且具备承担任务和风险的技术经济能力，会直接决定和影响创新主体的创新行为。提升空天科技协同创新绩效，必须着力培育具有竞争能力的、合格的市场主体。

### （二）政治环境

一定时期一国的社会制度、政党制度、军事制度、法律制度、政府政策等因素会影响该国的政治环境，从而对该国内部经济行为、创新行为等造成影响。空天科技协同创新在一国的创新体系中居于重要地位，其运行方向、运行方式和进程等不可避免会受到该国政党制度、政治体制、社会意识形态、政治局势和法律等的影响。例如，军队体制是国家军事制度的重要组成部分，而协同创新必然会受到军事制度的影响，从而出现因军事制度的不同而导致协同融合具体形式的不同。再比如，作为一国治理中相对稳定规范的法规制度，一方面是协同创新系统运行必须遵循的行为准则，另一方面也是协同创新系统运行的可靠保证。这其中最典型的就是知识产权保护制度，健全严格的知识产权制度对于激发创新主体的创新积极性，营造良好的创新氛围发挥着重要作用。

政治环境中对空天科技协同创新系统运行产生最直接影响的就是政府制定的一系列政策，具体如图 4-9 所示。

可以看出，政府能够通过制定政策，对协同创新系统运行的投入、运作、产出、转化等重要环节产生影响，从而最终影响协同创新的结果。目前，在世界范围内，各主要国家的政府机关都非常重视制定一系列配套的政策措施，包括科技政策、产业政策、人才政策、政府采购、金融支持、实施创新工程，等等，为该国协同创新持续健康发展提供动力保障。

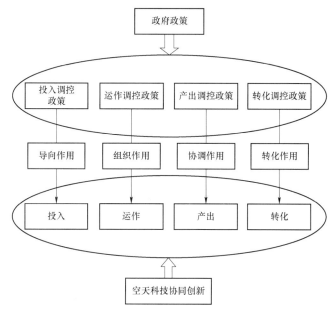

图 4-9　政府政策对空天科技协同创新的影响

## （三）文化环境

文化是中国特色社会主义"五位一体"总体格局中的一个有机组成部分，没有文化的繁荣兴盛，就不可能夺取中国特色社会主义伟大事业的胜利，就不可能实现中华民族伟大复兴。文化在人类社会发展的运作机理中发挥着精神引导的功能，深刻影响、支配着特定群体的思想与行为，影响并左右着该群体的价值指向和精神追求。正因为这样，文化构成了影响空天科技协同创新的深层次因素。

文化环境对空天科技协同创新的影响可以通过正反两个方面表现出来。从正方面，也就是积极影响来看，文化能够为空天科技协同创新提供智力与知识支持，也能够为空天科技协同创新提供科学的方法论和正确的价值指导，增强创新活动的凝聚力和协同效应，从而激励空天科技协同创新。同时也要看到，落后保守的文化因素也会以各种方式制约着空天科技协同创新平稳高效发展。

中华人民共和国成立以来，我国航天事业孕育形成以"两弹一星"精神、载人航天精神和北斗精神为代表的航天文化，影响着每一个航天工作者的世界观、人生观和价值观，形成了解放生产力、发展生产力和创造生产力的文化氛围。空天科技协同创新要继承和发扬"两弹一星"精神、载人航天精神和北斗精神,不断凝聚起齐心协力推进空天科技创新发展的强大动力。

### (四)社会环境

社会是一个由众多子系统构成的复杂大系统,会从各个角度、层次对空天科技协同创新运行产生影响与作用。在当代社会大环境中,教育环境以及与之相伴的人才因素对空天科技协同创新系统运行影响尤其显著。创新系统的运行离不开具备专业素质的人才,而教育是培养人才最主要的方式。教育投入、教育管理的方针、政策,各级各类学校的教育观念、教育方式、教学方法等,构成了社会的教育环境,影响着人才培养质量,进而对整个社会的创新产生直接或间接、积极或消极的影响。比如,灌输式的教育,对于学生学习积极性、主动性的关注不够,就不利于创新人才的培养;相反,不断进行教育改革,营造有利于创新人才培养的社会环境,就会为包括协同创新在内的整个社会的创新打下良好的人才基础。

## ■ 六、本 章 小 结

本章运用系统分析工具,从要素、结构、功能、运行以及环境五个方面,深入分析论述空天科技协同创新。在要素分析方面,运用马克思辩证唯物主义原理概括出了空天科技协同创新系统的要素构成,指出其是一个由主体、客体与工具三者构成的有机整体,其中主体子系统可以根据发挥功能的不同,具体分为管理类、创新类和服务类三大类,并对每类创新主体在协同创新系统中的功能定位进行了界定与论述。在分类分析空天科技协同创新客体的形态构成、创新工具的类型特点等基础上,重点分析了创新主体、客体、工具三者之间关系,构建了空天科技协同创新要素结构模型。借鉴大多数学科对于系统结构的划分与分析方法,结合空天科技协同创新特点,分析了空天科技协同创新系统的层次结构与时空结构,认为依据整体涌现理论,空天科技协同创新系统由低到高可以划分为技术层级、工程层级和产业层级等三个层级,并具有空间与时间上的分布特征。考虑到系统的复杂性以及不可能脱离周围环境而运行的特点，运用创新生态系统理论分析了空天科技协同创新系统的生态位结构。在功能分析方面，在强调空天科技协同创新系统具有协同效应这一总体功能的基础上，论述了提升空天科技创新水平、提高创新资源配置利用效率和培育创新人才与创新文化等三项具体功能；在运行分析方面，紧密联系空天科技创新发展实践，吸收借鉴职能域思想，抽象分析了科研、生产和保障三个域空天科技协同创新的不同特点，强调从运行角度讲，空天科技协同创新是涵盖科研域、生产域、保障域"三域"，以产业链、价值链、创新链"三链"紧密联系的一个有机整体；在环境分析方面，指出空天科技协同创新系统是一个复杂系统，随时与周围环境进行能量、信息与创新成果的交换互动，结合系统稳定运行，分析了空天科技协同创新的经济、政治、文化和社会等环境。本章深化了关于"是什么"问题的认识和解答，为后续"怎么办"的研究奠定了更为系统的理论基础。

# 第五章

# 空天科技协同创新的系统构建与运行

着眼于提升我国空天科技协同创新能力与水平，本章拟在对空天科技协同创新有了系统认识和把握的基础上，以理论为指导构建空天科技协同创新系统，研究协同创新系统的运行机制、运行模式，从宏观层面回答和解决"怎么办"的问题。

## 一、空天科技协同创新系统构建的总体设想

研究空天科技协同创新系统的构建，就是要以协同创新这种创新形式对空天领域优势创新资源进行整合，以提升空天科技创新效率，获得单方无法独立达到的高效益。为此，空天科技协同创新系统的构建，要在科学认识空天科技协同创新内涵、特征、动力、影响因素，系统分析空天科技协同创新要素、结构、功能、运行和环境等的基础上，重点把握好以下几个方面[1]。

---

[1] 《2016中国的航天》白皮书，提出未来五年中国航天发展的宗旨是探索外层空间、扩展对地球和宇宙的认识，和平利用外层空间、促进人类文明和社会进步，满足经济建设、科技发展、国家安全和社会进步等方面的需求，提高全民科学文化素质，维护国家权益，增强综合国力；指明中国航天发展的愿景是全面建成航天强国，具备自主可控的创新发展能力、聚焦前沿的科学探索研究能力、强大持续的经济社会发展服务能力、有效可靠的国家安全保障能力、科学高效的现代治理能力、互利共赢的国际交流与合作能力，拥有先进开放的航天科技工业体系、稳定可靠的空间基础设施、开拓创新的人才队伍、深厚博大的航天精神，为实现中华民族伟大复兴的中国梦提供强大支撑，为人类文明进步做出积极贡献；强调中国发展航天事业服从和服务于国家整体发展战略，要坚持创新发展、协调发展、和平发展、开放发展的原则。这里的发展宗旨、发展愿景和发展原则对构建空天装备协同创新系统有着重要的指导意义。

## （一）指导思想

指导思想是空天科技创新发展理论与实践经验的总结，是空天科技协同创新系统构建遵循的基本原则。根据新时代我国空天科技创新发展面临的形势和任务，空天科技协同创新系统的构建要以习近平新时代中国特色社会主义思想和习近平强军思想为指导，深入贯彻习近平关于推进融合深度发展的重要论述，着力提升空天科技创新发展的协同融合度，加快推进空天科技协同创新，不断提升空天科技协同创新的绩效，增加空天科技创新发展的能力与水平。

## （二）基本原则

基本原则是指导思想在解决问题上的具体体现，具有可操作性强的特点。依据指导思想，结合提升空天科技协同创新绩效这一研究目标，新时代空天科技协同创新系统的构建需要坚持以下几点原则。

### 1. 整合资源，有效协同

近几年围绕创新驱动和融合发展，各地涌现出了包括融合发展创新园区、协同创新基地等在内的多种类型的应用创新平台，加之原有的重点实验室、工程技术中心、实验中心等基础创新平台，形成了较为丰富的创新平台资源。空天科技协同创新系统的构建应该充分利用这些平台资源，通过结构布局调整、增加信息平台与信息通道、理顺协同机制等方式，实现创新资源的共享和有效集成，发挥规模效应，充分激发现有创新资源的潜能，促进空天科技前沿技术、颠覆性技术的识别、创新和应用。

### 2. 多方参与，军方主导

参与主体的多元化是所有创新体系的共同性特征。要采取多种措施动员包括"政府部门、军队科技管理部门和科研院所、军工企业、高等院校、民口企业、金融机构、中介组织、非营利组织等创新主体"参与空天科技协同创新，通过完善沟通交流、激励约束等机制，使这些参与创新主体构成协同创新网络，形成协同创新能力，进而促进空天科技创新发展效率的提升。协同创新系统与其他创新体系的最大区别就在于创新对象的通用性，因此，协同创新体系构建还必须发挥军方主导作用，就是要突出军方在谋划、决策、协调、指导协同创新中的主导作用。这种主导作用集中体现在创新对象的选择上，具体而言，就是要由军队需求论证部门对协同创新对象做出选择，识别选择出那些能够对未来作战方式产生重大影响，能够跨越式提升部队作战能力的科学发现及技术应用，作为协同创新的创新对象，集中创新资源集中攻关。

### 3. 注重结构，完善功能

不同于传统领域技术突破，空天科技创新成果的获得往往依靠的是打破原有技术路径、突破性创新，并且空天科技创新突破出现的领域和方向大多是交叉学科，复杂程度高等，所有这些对空天科技协同创新体系的结构设计与功能定位提出了更高的要求。为确保空天科技协同创新体系构建目标的实现，要求从组织管理、资源配置、人才培养、研发模式、产业化、创新文化、国际合作、评价体系等多个层面入手设置创新体系功能模块，也就是子体系，并确保每一个组成部分在功能上相互作用、相互协调，共同推动空天科技创新发展。

### 4. 柔性组织，灵活管理

空天科技协同创新涉及众多创新主体参与，这就要求创新体系在构建时，组织架构的设置要采取扁平型、分权管理的组织结构，以减少中间环节，缩短信息与决策传输路线，提升创新效率。空天科技应用前沿性技术比重大，集成度高，研制生产过程中通常随着主流市场和技术需求的变动而变动，这同样要求创新体系组织架构设置要减少层次，采取柔性组织方式，保持体系规模的灵活可调性，增加体系反应敏锐性。

推动空天科技协同创新，对于整合不同领域创新资源以提升空天科技创新绩效有着重要作用。军地科学技术管理部门应当充分发挥政策和需求的引导作用，调动民口科研院所、企业、创新团队等参与创新体系建设与运行的积极性，整合不同领域优势创新资源，为我国空天科技自主创新能力增强和协同融合深度发展提供坚强的支持。

5. 平战结合，注重实战

坚持平战结合，应战应急原则，是由空天科技的应用特点决定的。空天科技研制生产周期长，费用大，通用程度高，不可能也没有必要搞两套系统。应该平时建设就以实战化应用为出发点与落脚点，按照作战要求设计协同创新对象。坚持平战结合，在空天科技应用技术上多做储备，在民用空天科技研制生产中预留接口，提高战时转换能力。当前，要着眼于提升应急发射能力，加大协同创新力度，切实提升空天科技应急应战能力。

## （三）建设目标

建设目标是空天科技协同创新系统构建的出发点和落脚点。发挥建设目标牵引作用，构建空天科技协同创新系统，要在坚持指导思想、遵循基本原则的基础上，进一步明确目标，找准定位。

1. 总体目标

空天科技协同创新系统建设的总体目标是：适应中国特色社会主义进入新时代的特点要求，对自成体系、相对封闭的空天科技研制生产传统模式进行改革，加快构建军民高效互动、多要素全面协同的空天科技协同创新系统。

2. 具体目标

在空天科技创新发展效益方面，通过协同创新系统的构建，切实将各类创新资源有效整合，消除进入壁垒，打破利益格局，避免各自为战、低水平重复建设，让空天科技创新发展的经济效益、军事效益与社会效益得到实现；在空天科技协同创新组织管理方面，协同创新组织管理体系要健全合理，实现统一领导和归口管理；军地间空天科技创新发展规划计划要衔接统一，运行机制要高效顺畅，配套措施要完善到位。

## （四）关键环节

依据创新生命周期理论，类似于生命体，空天科技协同创新系统也会经历形成、扩张、成熟和变革四个阶段。在这四个阶段，初期协同关系的确立是系统走向成熟的起点，在系统构建时应该充分重视。结合创新生态系统理论，空天科技协同创新关系的确立，就是创新主体间共生演化的开始。空天科技协同创新系统构建，尤其要确保协同创新系统尽快形成，初步形成能量、物质和信息共享交流局面，需要重点关注和把握以下几个关键环节。

1. 创新主体聚集

从要素结构来说，空天科技协同创新系统是由政府、军方、科研院所、高校、国防科工企业、民营企业等创新主体构成，这些创新主体在创新系统形成中的功能不同，有的是战略决策，有的是研发应用，有的是辅助服务。也就是说创新系统的形成，离不开具有不同功能的创新主体的聚集。从这一角度来看，创新系统构建与形成是从功能各异并且互补的创新主体的聚集开始的。

（1）质参量相容

这是创新主体聚集，进而形成空天科技协同创新系统的前提条件。所谓质参量相容，指的是创新活动中各创新主体质参量的互补性[①]。两个不同创新主体间协同共生关系形成的基础与前提是两者之间至少存在一组质参量相容。质参量相容组数越多，表明创新主体间能够投入的资源与成果的互补程度越高，彼此互利互惠的可能性就越大，则彼此间协同共生关系越牢固。质参量相容性会随着创新系统的运行而改变，呈现增大与减少两种可能，与之对应，创新系统的稳定性和创新生态也会呈现改善与恶化两种可能。

以某型进入太空装备协同创新为例。设中国电子集团公司某研究所 $A$ 的质参量集为 $A = (Z_{a_1}, Z_{a_2}, Z_{a_3}, Z_{a_4} \cdots Z_{a_n})$，其中 $Z_{a_1}$, $Z_{a_2}$, $Z_{a_3}$, $Z_{a_4}$, $\cdots$, $Z_{a_n}$ 表示国防科工企业 $A$ 的一系列质参量。某民营高科技企业 $B$ 的质参量为 $B = (Z_{b_1}, Z_{b_2}, Z_{b_3}, Z_{b_4}, \cdots, Z_{b_m})$，同理 $Z_{b_1}$, $Z_{b_2}$, $Z_{b_3}$, $Z_{b_4}$, $\cdots$, $Z_{b_m}$ 表示民营高科技企业的一系列质参量。则创新主体 $A$ 与 $B$ 两者之间协同共生的最基本条件是至少有一个 $Z_{ai} = \varphi(Z_{bj})$。显然 $Z_{ai} = \varphi(Z_{bj})$ 的个数与 $A$、$B$ 两者之间协同共生关系紧密和稳定程度成正比。在空天科技协同创新实践中，创新主体之间因生态位的不同，呈现出不同的质参量关系，具体如图 5-1 所示。

---

① 共生理论中提出的质参量，指的就是创新活动中创新主体的一系列基本活动要素，包括创新主体拥有的创新资源和能够生产出的创新成果。例如，研究机构创新投入的研究人员、资金等，创新产出的人才培养、应用成果（技术、专利）和基础成果等，就是研究机构的质参量。

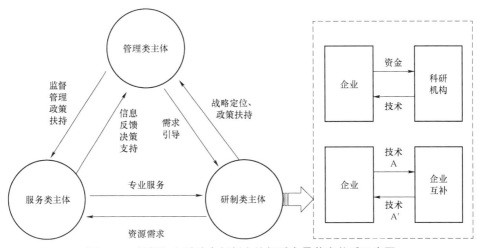

图 5-1　创新生态系统中创新主体间质参量兼容关系示意图

（2）核心创新主体

这是创新主体聚集，进而形成空天科技协同创新系统的关键。创新能够使创新主体克服组织壁垒和利益格局走到一起，固然有共同利益的考虑，但核心创新主体的形成与发挥作用至关重要，也就是说核心创新主体能够在创新活动组织、创新资源配置等基础问题上发挥主导作用。基于此，可以说核心创新主体的形成，是空天科技协同创新系统形成的前提。一般而言，在创新系统形成过程中，尤其是初期，能够扮演和发挥核心作用的主体往往是拥有关键资源和技术创新者。就空天科技协同创新系统而言，中国航天科技集团公司与中国航天科工集团公司这两大军工集团，拥有空天科技研发制造的绝对优势，显然属于协同创新的核心主体。考虑到协同融合，政府和军方这两个管理类主体，也能够在空天科技协同创新主体聚集上发挥核心与主导作用。

核心创新主体所具有的创新资源优势是实现不同创新主体聚集的物质前提，而核心创新主体具有创新活动组织能力、控制能力，以及良好的商业信誉和责任感，也是吸引其他创新主体聚集的重要条件。依据核心创新主体主导作用方式的不同，空天科技协同创新系统创新主体聚集的模式有三种，具体如表 5-1 所示。

表 5-1　空天科技协同创新系统创新主体集聚模式对比

| 聚集模式 | 特点 |
| --- | --- |
| 应用研究类核心主体 | 以企业及其所属研究机构为主；技术应用前景明朗，上下游合作方参与热情高；凝聚力强，聚集度稳定 |
| 管理类核心主体 | 以政府和军方等拥有政策制定或需求管理权限的机构为主；拥有资源优势的创新主体参与积极性弱；外围创新主体参与积极性高 |
| 基础研究类核心主体 | 以拥有核心技术的高校、科研院所为主；科技含量高，发展潜力大，相关创新主体参与积极性高 |

　　需要说明的是，上述创新主体集聚模式主要是根据空天科技协同创新系统形成初期的条件概括出来的。在系统具体形成过程中，核心创新主体之外创新主体发挥各自优势，相互作用、相互吸引，对于系统的形成也是必不可少的。

　　2. 创新生态位的明确

　　依据创新生态系统论的观点，所谓创新生态位，指的就是各创新主体在创新系统形成初期，在创新系统中所占据的位置、站位。创新生态位的不同，表明创新主体在创新系统中能够发挥的作用、能够利用的资源，以及对创新环境适应等的不同。创新生态位的明确，以及各创新主体对自己创新生态位的满意与否，是创新系统能否继续演化的重要条件。创新生态理论认为，创新系统中最简单的生态位可以分为研究、开发和应用三大群落，这三个群落之间健康的平衡决定了国家创新生态系统的可持续性，具体如图 5-2 所示。

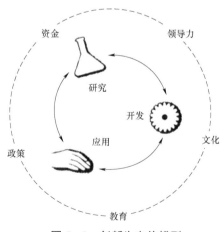

图 5-2　创新生态位模型

　　类似于自然界中适者生存法则，空天科技协同创新系统形成后，来自不同创新领域的众多创新主体在整个创新生态中的最终站位，是各创新主体竞争和主动作为的结果。具体来说，在政府政策鼓励和军方需求引导下进入空天科技协同创新系统的研制类创新主体与服务类创新主体，在进入创新系统后会在综合自身的创新能力、协同创新系统分配的创新任务，以及对创新成果分配的预期等不同情况的基础上，在协同创新系统中寻找到中意的创新生态位，随后在协同创新系统的具体运行过程中，依据自己的努力、创新目的的实现、与其他创新主体以及创新环境之间关系等的变化，获得相应的新的站位。总之，各创新主体创新生态位的明确与自我认可，是空天科技协同创新系统继续运转的条件。

　　空天科技研制生产中可能的创新生态位包括战略规划制定，总体研制，分系统研制，部件原材料研制，信息、知识产权等配套服务，它们在整个产业链、创新链中的地位从高到低排列，具体如图5-3所示。

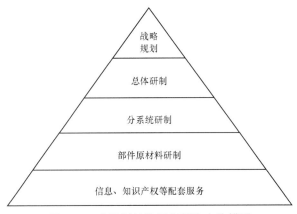

**图5-3　空天科技协同创新生态位模型**

　　依据当前我国协同融合的程度，民营类创新主体不可能进入战略规划制定、总体研制这两个高端创新生态位，具备独有优势创新资源的可以部分进入分系统研制，如北斗导航定位系统中的图文传送系统研制。处于低端的原材料研制和提供外围配套服务的生态位，民营创新力量进入壁垒基本被打破，具备相应资质都可以加入空天科技协同创新系统。当前，中央强调推进融合深度发展，军委机关和国防科工局在大力推动更多的民营企业作为新鲜力量进入武器装备科研生产领域，占据更为有利的创新生态位，发挥更为积极和关键的作用。这里，作为已经占据优势地位，在航天领域拥有绝对支配地位的中国航天科技、中国航天科工两家集团公司，要积极响应国家号召，克服本位主义和部门利益，积极营造良好的航天科技与装备协同创新生态环境。

### 3. 创新平台的形成

在通常意义上，平台是指支撑个体和事物活动的凸出平面，通常采用比较松散的结构以满足各种不同的运营活动。就创新活动而言，平台则是利用一系列内外部联结机制将各参与主体有机地联结起来，整合、配置与共享创新资源。实现产业共性技术和关键技术突破的平台，是为了获得产业持续竞争优势而构筑的一个创新系统，是通过创新要素的有机联结来促进各种创新资源的汇集、互动和匹配，进而提升产业创新的一种发展模式。可以看出，创新平台就是实现创新主体和创新资源聚集的载体与方式。平台的出现，为创新资源的集聚提供了场所，使创新活动的开展具备了空间。各类创新主体在创新平台的互动交换过程，平台与周围环境的能量交换的过程，就是协同创新的过程，也是创新系统由雏形走向成熟的过程。

需要说明的是，创新平台一般是核心创新主体领导建设的，其目的是吸引与其功能异质互补的创新主体加入。在平台设立之初，核心创新主体会通过优惠，比如低价或免费提供一些创新技术或创新产品，吸引其他创新主体加入，营造多元化的创新生态，凝聚创新资源，加快创新系统形成。就空天科技协同创新而言，构建创新平台，为各类创新主体提供创新活动场所的任务，应该由政府和军方等管理类创新主体扮演。

总之，创新主体聚集、创新生态位明确和创新平台形成这三者，是包括空天科技协同创新系统在内的各种协同共生系统构建，尤其是在系统构建初期必须把握的三个关键环节，或者说重要节点。其中核心创新主体的形成是前提，创新生态位明确是纽带，创新平台是载体，三者缺一不可，共同促进空天科技协同创新关系的确立。

## ■ 二、空天科技协同创新系统运行模式构建

简单来说，模式是指某种事物的标准形式或者可以照着做的标准样式[①]。顾名思义，运行模式就是指某种事物运行的标准样式，重点回答和解决事物运行过程中采取什么样的方式组织管理事物生存发展过程中的各种利益关系。空天科技协同创新是融合发展与协同创新两个不同领域的结合，需要处理更为复杂的组织与运行关系，而其选择与处理结果则直接决定着空天科技协同创新系统的运行效率、创新绩效。基于以上分析，本节将在梳理理论界关于融合发展和协同创新运行模式分类的基础上，依据上节确定的空天科技协同创新系统构建的总体思路，构建出空天科技协同创新系统运行的目标模式。

### （一）协同融合发展模式分类比较

关于协同融合发展模式，学者们从不同视角出发，对协同融合应该如何组织实施进行了概括与分析。在众多视角中，以国家为视角对协同融合发展模式进行分类概括是大多数学者的主张。例如，学者曾立等（2016）在论述协同融合科技创新体系发展模式时，将国外的协同融合科技创新模式概括得过于宏观，对探讨和分析空天科技协同创新运行模式没有太大价值，这里不再分析。学者田路彬、李霖（2012）以形成机理和发展阶段为视角，将我国空天科技协同融合式发展模式概括为析出模式、转承模式和融合模式三种。学者董晓辉在分析我国科技深度融合发展态势的基础上，指出我国科技融合发展存在三种模式。这几位学者在做出分类的基础上，对每种模式的特点都进行了介绍与分析，对于研究空天科技协同创新运行模式有一定的借鉴意义。总结理论界已有的这些关于协同融合发展模式的研究成果，基本上是对历史或者现实中已有模式的分类与归纳，比较写实，但理论深度不够，不具备指导作用。考虑到协同融合，尤其是本书研究的空天科技创新发展，更多的是在产业和行业层面实施，可以应用产业经济学的理论分析

---

[①] 参见：《现代汉语词典》，商务印书馆，1986 版。

协同融合发展模式选择问题。

1. 模型设计

根据产业经济学的观点，不同产业之间的融合度及融合模式取决于两个产业各自资产专用性高低与对彼此的依赖程度。一般而言，某一产业与另一产业融合度与自身资产专用性成正比，与对另一产业依赖程度成正比[①]。例如甲、乙两产业，假定甲产业对乙产业依赖度既定，则甲产业资产自身专用性越强，则越易与乙产业结成联盟，协同发展，反之亦然。换一个角度，假定甲产业资产自身专用性既定，则甲产业对乙产业依赖度越高，融合度与联盟概率就越大。

用数学中的函数与坐标值可以将上述原理简单明了地表达出来。假设有函数 $F(x,y)$，其中 $x$ 表示某产业对国防工业的依赖性，$y$ 表示某产业的资产专用性。假如以 $r_0$ 表示某产业对国防工业依赖性的临界值，则由常识可知 $r_0$ 范围在 0 与 100%之间。于是我们可以得以下函数：

$$F(x,y) = \begin{cases} f_{\text{I}} \ (0 < x < r_0, r_0 \leqslant y \leqslant 100\%) \\ f_{\text{II}} \ (r_0 \leqslant x \leqslant 100\%, r_0 \leqslant y \leqslant 100\%) \\ f_{\text{III}} \ (r_0 \leqslant x \leqslant 100\%, 0 \leqslant y \leqslant r_0) \\ f_{\text{IV}} \ (0 < x < r_0, 0 < y < r_0) \end{cases}$$

将上述函数关系在坐标图中表示出来，如图 5-4 所示。其中，$f_{\text{I}}$，$f_{\text{II}}$，$f_{\text{III}}$，$f_{\text{IV}}$ 分别对应 I，II，III 与 IV 等四个部分。

可以看出，图中 I，II，III 三部分区域表示某产业资产专用性或对国防工业依赖性大于 $r_0$，有协同融合可能性。图中阴影部分的区域 IV 是当 $0 < x < r_0$，$0 < y < r_0$ 时，函数 $F(x,y)$ 的图形，意味着某资产专用性和对国防依赖性均小于临界值，理论上表明某产业不会与国防工业发生关系，或彼此融合成本大于各自发展成本，因此，不属于本书研究对象。图中 $h$ 是从原点随机出发的一条曲线，其上点距离原点越远，代表协同融合发展模式越紧密。从函数公式和坐标图可以

---

① 资产专用性（Asset Specificity）是新制度经济学的代表人物威廉姆森等，在继承和发展科斯的交易费用思想上提出来的，具体是指用于特定用途后被锁定很难再作其他用性质的资产，若改作他用则价值会降低，甚至可能变成毫无价值的资产。一般而言，资产的专用性越强，其所有者在和他人交易时谈判的"筹码"也就越少。参见：奥利·E·威廉姆森. 资本主义经济制度［M］. 北京：商务印书馆，2004.

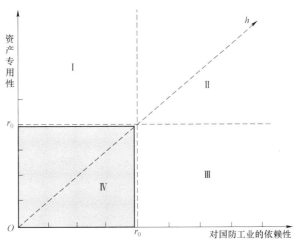

**图 5-4　产业资产专用性和国防工业依赖性关系**

看出，Ⅰ，Ⅱ，Ⅲ三个区域分别对应 $0<x<r_0$、$r_0≤y≤100\%$，$r_0≤x≤100\%$、$r_0≤y≤100\%$，$r_0≤x≤100\%$、$0≤y≤r_0$ 时，函数 $F(x,y)$ 的图形意味着不同的资产专用性与产业依赖度关系，可以分别将其称为"嵌入型""依托型""互动型"，于是也就有了与之相对应的三种协同融合式发展模式。

2. **产业视角的协同融合发展模式**

由前面构建模型可知，依据某一产业资产专用性及对国防工业依赖程度，可以将协同融合发展模式概括为以下 3 种类型。

（1）嵌入型协同融合发展模式

嵌入型协同融合发展模式是指自身资产专用性高而对国防工业依赖性低的产业与国防工业之间的融合发展模式。以信息产业为代表的众多新兴产业可以采取这种发展模式与国防工业融合。这里的"嵌入"，更多指的是将原来依赖传统国防军工企业提供和满足的相关国防需求，通过嵌入新兴产业来满足。嵌入型融合模式下非军产业与国防工业之间的关系可用函数表示：$F(x,y)=f_1$（$0<x<r_0$，$r_0≤y≤100\%$），如图 5-5 中阴影部分Ⅰ所示。

可以看出，采用嵌入型发展模式与国防工业融合发展的产业，往往在技术设备经验等不少方面都领先于国防工业，这时实现经济效益最大化的最优选择是将军用需求嵌入到新兴产业中去，采取嵌入型协同融合模式，实质上就是国防工业

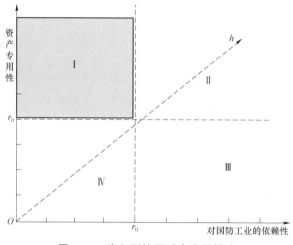

图 5-5　嵌入型协同融合发展模式

依托民用工业发展。考虑到这些产业往往具有较高的资产专用性，国防工业在信息产业等新兴领域完全没有必要另起炉灶，可以通过外包等融合方式充分利用这些产业的比较优势，使资源配置得到最大程度的优化。总之，在协同融合发展中，要积极以需求融合为切入点，将国防工业在某些新兴领域、不具备优势领域的发展嵌入具有低依赖性、高专用性特点的新兴产业中去，避免重复投资，浪费稀缺资源。

（2）依托型协同融合发展模式

依托型协同融合发展模式，是指自身资产专用性和对国防工业依赖性都强的产业与国防产业的融合发展。"依托型"融合模式下非军产业与国防工业之间的关系用函数表示：$F(x, y) = f_{\text{II}}$（$r_0 \leqslant x \leqslant 100\%$，$r_0 \leqslant y \leqslant 100\%$），如图 5-6 中阴影部分 II 所示。

可以看出，采取依托型协同融合发展模式的产业，对国防工业都有较强的依赖性，在某种程度上属于离开国防工业就不能得到较好发展的产业。例如，核电自身的技术和设备具有高度的资产专用性，加之核技术方面军用技术比民用技术更先进也更成熟，因此核电产业就表现出了对国防工业的高度依赖性，只有采取依托型的发展模式。

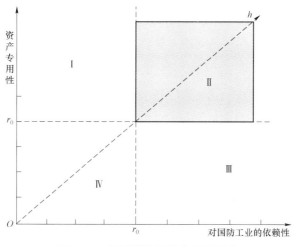

图 5-6　依托型协同融合发展模式

（3）互动型协同融合发展模式

互动型协同融合发展模式是指自身资产专用性低而又对国防工业具有较高依赖性的产业与国防工业的融合发展。互动型融合模式下非军产业与国防工业之间的关系用函数表示：$F(x, y) = f_{III}$（（$r_0 \leqslant x \leqslant 100\%$，$0 \leqslant y \leqslant r_0$），具体如图 5-7 中阴影部分 III 所示。

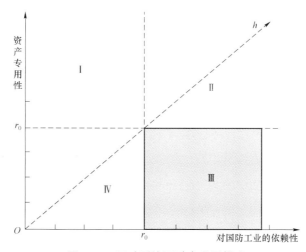

图 5-7　互动型协同融合发展模式

例如，高端装备制造业与国防工业的融合发展，就属于互动型协同融合发展模式。不难知道，高端装备制造业与国防工业类似，前期都需要花费大量资金投资高端数控车床、数控磨床等设备。对于社会企业来说，在发展初期，这是一笔巨额支付且具有高风险性，民间资本显然不愿意过早介入。在长期发展过程中，在国家大力支持下，国防工业积累了大量高端设备，拥有了这方面的专业化人才和技术积累。另外，高端装备制造业中间或最终产品，往往也是给军工企业配套，或出售给军方。在这种情况下，高端装备制造产业与国防工业采取互动型协同融合，一方面可以实现现有资源的互通有无、充分利用，另一方面在后续发展过程中，基于融合也可以实现经济效益与国防效益的良性循环。对于具有资产专用性低和对国防科技工业具有高依赖的产业，应该积极主动推动其采取互动型协同融合式发展模式。具体推进时，可以优先考虑以技术融合为切入点。对于可以采取互动型协同融合发展模式的产业，国家要积极发挥作用，比如进行投资、给予政策优惠等。

## （二）协同创新运行模式分类及选择

协同创新运行模式是指协同创新活动开展所采取的方式、方法与途径。理论界关于协同创新运行模式的研究及其分类要比协同融合发展模式的研究与分类多得多，众多学者从不同角度对以产学研为中心的协同创新运行模式进行了分类与研究。王章豹（2000）基于功能聚类的不同，也就是合作创新目的的不同，将产学研合作创新划分为人才培养型、研究开发型等四种类型；李焱焱等（2004）基于主体作用发挥不同，将协同创新运行模式划分为政府主导型、企业主导型、大学与科研机构主导型、共同主导型等四种；王文岩等（2008）则基于合作方式的不同，将协同创新运行模式划分为技术转让、委托研究、联合攻关、内部一体化、共建科研基地、组建研发实体、人才联合培养与人才交流、产业技术联盟等几种；杨美琴、薛希鹏卫等（2014）基于技术供给者视角，将协同创新运行模式划分为前利益模式、后利益模式、混合模式、年度经费模式等几种；丁祺等（2018）则基于联系紧密程度将其划分为项目纽带模式、协作平台模式、战略共同体模式等；学者熊励等（2011）、张展等（2015）将协同创新划分为内部协同创新和外部协同创新两种模式，其中外部协同创新模式又可以细分为纵向协同创新和横向协同创新；学者曲洪建（2013）基于要素流动视角，概括出了不同要素组合的协同创新运行模式。梳理理论界已有研究成果，本书概括出了协同创新运行模式的逻辑框架图，具体如图5-8所示。

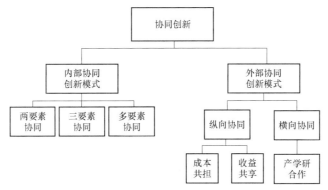

**图5-8　协同创新运行模式逻辑框架**

从对国内理论界关于协同创新运行模式研究文献的梳理中可以看出，以产学研为代表的协同创新运行模式具有多层次、多样式的特点。在研究过程中，研究人员能够从某一个角度入手在一定深度上对产学研协同创新运行模式开展研究，也在一定程度上揭示了协同创新的运行机理。在肯定成绩的基础上，也要看到大多数研究还只是从外在形式上进行表象的研究，缺乏理论性，因此很难为实际运行的协同创新行为提供理论指导和模式借鉴。深层次研究与把握协同创新运行模式需要进一步对目前众多研究成果进行分类，比较各种模式优缺点，进而厘清选择思路。

**1. 基于创新生态论的选择**

类似于生命体，任何创新系统的运行，都不可能脱离外在环境而单独存在。从这一角度而言，在空天科技协同创新系统中，来自不同领域的创新主体聚集在一起协同创新，类似于不同种群的生物聚集在同一空间共同生活，简称共生，相应的创新主体也就叫作共生单元。据此，空天科技协同创新系统构建模式的选择过程，就是创新主体建立连接的过程。在创新生态系统论中，共生单元，也就是创新主体之间通过点共生、间歇共生、连续共生和一体化共生四种方式连接，进行能量、物质和信息的交换。从协同紧密程度角度而言，这四种形式等级由低到高，相应的能量、物质以及信息的传递和交互效率也明显不同。创新系统中创新主体协同方式从点共生向一体化共生的过渡演化，标志着创新系统的逐渐形成与成熟。

（1）随机为主的连接模式

随机为主的连接模式包括点连接与间歇连接两种具体模式，其共同点是创新主体间的协作是偶然的、非连续的，最典型的形式就是知识产权、技术专利转让。通过图 5-9 可以直观体会这两种方式下创新主体间的连接。

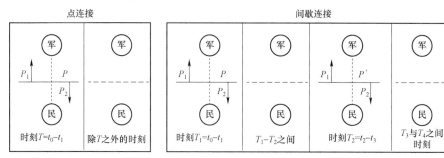

图 5-9　点连接与间歇连接

可以看出，点连接方式整个生命周期只协同连接一次，间歇连接虽然超过一次，但每次发生的时间不确定。这两种方式，尽管是随机的，但也能产生能量、物质和信息等的交换。如图中 $P_1$，$P_2$ 就分别代表民营与军方创新资源的交换量。也要肯定，这两种连接属于系统形成初期，效率明显偏低。另外，也要看到，这两种方式确立的协同关系，创新主体是基于自身利益而协同，有临时起意之嫌，也没有共同遵循的协同目标的指引，更不可能考虑系统的整体性利益。因此，此阶段确立的连接关系面临很大的不确定性。这两种连接或者说协同模式，显然不是空天科技协同创新中"协同"所要追求和采取的方式。

（2）选择为主的连接方式

选择为主的连接方式包括连续和一体化两种具体方式。这其中，在连续连接方式下，双方建立持续稳定的协同方式，可以长期进行能量、物质与信息的交换。一体化连接就是本书研究的融合，通过共建实体等方式彼此融入。这是协同连接的最高形式，标志着协同创新系统的正式确立。具体如图 5-10 所示。

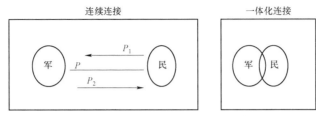

图 5 - 10　连续连接与一体化连接

这里的选择指的是占据主导地位的创新主体，在空天科技协同创新系统中可以是政府、军队这样的管理类创新主体，也可以是中国航天科工、中国航天科技这样占据创新优势地位的企业，按照系统目标对合适的创新主体进行搜寻、评价，符合创新系统整体利益的予以引入，不符合的剔除。总之，这一阶段创新主体间协同连接关系的建立与解体都是在系统整体目标引导下进行的。

2. 基于联系紧密程度与组织层次高低不同进行划分

这一类也是大多数分析和研究采用的分析视角，就是依据参与创新主体间联系的紧密程度和所建模式组织层级的高低，将协同创新运行模式划分为项目式、共建式、实体式、联盟式和虚拟式等五大类，每一大类下又包含具体模式。例如，项目式作为一种最常见的一次性的协同模式，由于其易组织、运行时间短等特点，实践中出现了技术转让、委托研发、协同攻关等许多属于这一大类的运行模式。这五种模式从项目式到实体式，大致符合联系紧密程度与组织层次等级的递增趋势，具体如图 5 - 11 所示。

联盟式和虚拟式作为两种较为新型的协同创新运行模式，在现实协同运行模式中所占比例并不大，组织层次等与联系紧密程度也不是最高的，但由于它们是新型的组织运营模式，其协同创新效率并不低。

可以看出，这五种协同创新运营模式各有优缺点。比如，项目式协同创新具有形式简单、易于操作的优点，但同时又具有各方协同关系松散，资源共享和知识流动弱，无法满足深层次、中长期协同等缺点；实体式具有联系紧密、有利于长期协同等优点，但也具有因追求利润而导致基础性研究不够的缺点。因此，在协同创新运行模式的选择上并没有固定不变的万能模式，而是要在分析拟进入产业的特点和要实现的创新目标，权衡彼此研发能力与资源优势，结合拟开展项目

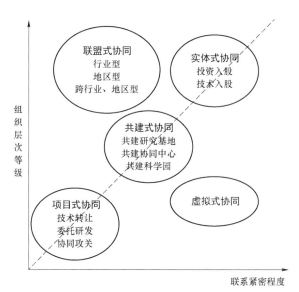

图 5-11 基于组织层次与联系紧密程度的协同创新运行模式类型

的创新复杂程度而确定。另外，上述几种创新运行模式的划分并不是绝对的，而是存在一定程度的彼此交叉与融合，要结合协同创新不断深化对其内涵和外延的理解与把握。

3. 基于创新主体在协同创新中地位作用不同划分

在协同创新过程中，不同创新主体因拥有创新资源的多少和自身创新能力强弱的不同，在协同创新过程中扮演的角色与作用不同。据此，依据在协同创新过程中占据主导地位、发挥主导作用主体的不同，将协同创新的运行模式划分为企业主导、学研主导和政府主导等三种不同模式。顾名思义，谁主导就意味着在协同创新运行过程中，谁主导协同创新方向，谁支配和影响其他创新主体。以企业主导模式为例，在这种协同运行模式下，企业拥有协同创新运行过程中的主导权，处于创新活动的主导地位。利用这种主导权和主导地位，企业可以借助高校和科研院所的研究力量实现新产品、新技术的研发；同样因为有这种主导权与主导地位，企业在协同过程中可以更容易做出独立的决策，并对其他创新主体的行为做出限制。同样的道理，这三种模式也各有优缺点，都有最佳适用领域和场合，具体选择时可在吸收借鉴表 5-2 中概括归纳的一般性基础上，结合多种因素综合权衡决定。

表 5-2　基于创新主体主导作用与地位不同的协同创新运行模式

| 协同模式 | 优点 | 缺点 | 适用范围 |
|---|---|---|---|
| 企业主导 | 研究方向的市场定位更准，易于创新成果转移交换 | 过于侧重经济价值和短期利益，易忽视基础研究 | 高度市场化行业；主导企业要拥有强大的经济技术等实力和抗风险能力，并且对协同创新活动全局有认识和把握 |
| 学研主导 | 易于把握最前沿技术需求，研发效率高 | 创新成果与市场需求结合不够紧密，成果转化率低 | 基础研究、新兴产业领域；研究机构不仅要有雄厚的技术实力与研究实力，还需要具有强大的经济实力与管理能力 |
| 政府主导 | 把握宏观大局，易于协调各方利益 | 政府失误，长期易影响其他创新主体的积极性 | 基础性、公益性领域，公共产品提供相关行业；政府财力雄厚，并且拥有高超的创新管理经验 |

## （三）空天科技协同创新目标运行模式框架

在对协同融合发展模式和协同创新运行模式的类型及其选择有了大致认识和把握的基础上，结合空天科技创新发展特点，以及提升空天科技协同创新绩效的研究目标，本书构建了政府与军队"双方"主导，产业链、价值链、创新链"三链"融合的多要素全面协同创新运行模式，具体如图 5-12 所示。

可以从以下几个方面把握这种模式的运行特征。

1. "双方"主导

"双方"主导具体是指在空天科技协同创新活动中，军队和政府有关部门主导协同创新方向，支配和影响其他创新主体。

（1）发挥政府主导作用

在协同融合发展模式中，有企业主导、学研（高等院校和研究机构）主导和政府主导三种不同形式。一方面，考虑到空天科技创新发展知识、技术密集，是多学科和多领域高、精、尖技术的集中体现，是各项工业技术、信息技术及各类新兴技术的集成载体，属于国民经济核心和关键行业，体现国家意志，其发展必须由国家顶层进行统筹规划、统一部署，制定阶段目标和具体措施；另一方面，空天科技协同融合创新发展涉及多个部门，绝不仅是某个部门内部或某几个部门简单沟通所能解决的，明确各部门权利义务，确保形成合力，只有在党中央、中央军委和国务院领导下才能实现。除以上两点外，空天科技创新发展的军事应用

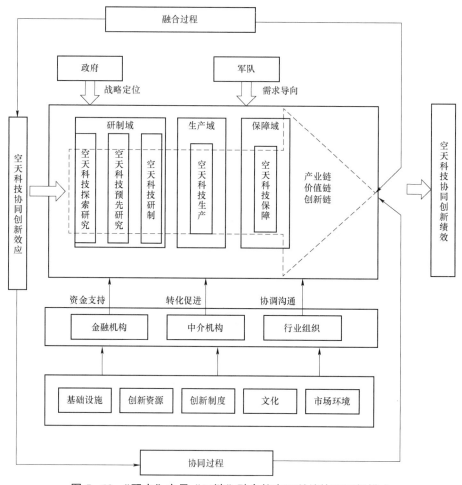

图 5-12　"双方"主导"三链"融合的空天科技协同运行模式

往往具有前瞻性，对民用需求的形成与发展带有一定的牵引性，这同样决定了在空天科技协同创新中市场主导作用的有限性。所有这些归结为一点，就是空天科技协同创新应该突出政府的主导作用。具体而言，就是要注重通过战略规划计划等的制定、重大项目实施、创新资源分配等多种方式，贯彻政府意图，体现国家需求。这一点在世界各国协同融合实践中已经得到证实。如美国的"曼哈顿""信息高速公路""导弹防御系统"等重大项目，都是在美国一体战略规划下，由国防部投入启动资金并组织军地力量协同完成的。

尤其要重视发挥政府在共性技术与空天领域基础研究方面的主导作用。共性技术与空天领域基础研究具有典型的正外部性，存在组织失灵与市场失灵的可能，为了确保共性技术与空天领域基础研究的高效供给，当前世界主要国家与地区政府成立了各种类型的跨组织协调机构如表5-3所示。

表5-3　国外政府共性技术与基础研究方面主导作用发挥情况对比

| 国家 | 典型计划 | 政府角色 | "产学研"合作情况 | 经费投入情况 | 开发技术类型 |
|------|---------|---------|-----------------|-------------|-------------|
| 美国 | 先进技术计划（ATP） | 政府引导 | 注重大学、企业和非营利组织的共同参与 | 政府向产业界、非营利组织和大学提供成本分摊的基金，同时企业投入配套资金 | 以高风险的产业关键技术、共性技术为主 |
| | 半导体制造技术联合体（Sematech） | 企业发起政府促进 | 公司发起的非营利组织，强调政府、大学和研究机构等各方的参与 | 政府设立专项基金资助，同时企业投入配套资金 | 半导体关键制造技术和设备的研究开发 |
| | 微电子与计算机技术公司（MCC） | 企业发起政府促进 | 企业牵头，大学参与 | 企业投入为主，国防先进计划研究局也投入了大量资金 | 以国际前沿的产业共性技术为主 |
| 欧盟 | 尤里卡计划（EUREKA） | 政府引导 | 强调通过该计划加强泛欧的工业界、研究机构和大学的联合 | 政府资助，参与的相关主体共同投入 | 以工业进步所需的高技术、先进技术为主 |
| | 欧洲科技合作计划（COST） | 政府引导 | 强调各国科研机构、大学和公司开展合作 | 政府资助，各相关主体共同投入 | 以基础研究和前沿技术研究为主 |
| 日本 | 超大规模集成电路技术研究联合体（VLSI） | 政府主导 | 通产省电子技术综合研究所联合公司组成研发联盟 | 政府资助约占40% | 超大规模集成电路基础技术和应用技术 |
| | 下一代制造计划（NGM） | 政府主导 | 吸引产业界和科技界的研究力量合作开展研究 | 政府采取专项计划的方式直接管理，并担了全部研究经费 | 以具有共性技术特征的先进制造技术基础研究为主 |
| 韩国 | 高度先进国家计划（G7计划） | 政府主导 | 强调产学研合作开发 | 政府投入为主，同时参与的企业也进行相关投入 | 以基础性的通用技术和产业共性技术研究为主 |

学习借鉴先进经验，构建高效运行的空天科技协同创新系统，应考虑成立空天领域政府主导的各类跨组织协调机构，协调促进协同创新。

（2）发挥军方军事需求的牵引作用

"需求牵引是推动协同融合深度发展的源头，是经济建设和国防建设融合发展、相互促进的基本前提。"相对于军事需求，协同融合中市场化需求由于有利润牵引，因此创新主体会主动积极迎合，这就会导致在没有引导的情况下，出现军事需求满足率降低的局面，从而违背协同融合实现经济发展与国防建设协调发展的初衷。基于此，世界主要国家在推进协同融合过程中，都注重发挥军事需求的牵引作用。

（3）坚持军地双重领导

包括空天科技协同创新在内的融合发展是国家行为和国家意志的反映，绝不可能是社会的自发行为和市场经济的自然产物，也不是国防工业或社会企业等产业或企业方面的行为，需要中央统筹协调，政府和军队宏观管理部门共同组织推动。世界各国的实践表明，武器装备创新发展离不开整个国家的科技资源、社会资源的配套与服务，只有实际掌管政府最高行政权力的"政府总管"同时兼任武器装备建设发展的领导，或者兼任军事组织的领导，才能真正把军队的需求落到实处，调动协调民用资源为军队服务，进而真正做到结合、寓军于民。基于此，相关部门也分别设立了协同融合局，这就从组织上为坚持军地双重领导奠定了基础。就空天科技协同融合发展而言，要在此基础上，成立由航天系统部、国防科工局、中国航天科技集团、中国航天科工集团等部门和单位主要领导参加的领导小组，统一领导协同创新问题，确保系统平稳高效运行。

总之，"双方"主导是由空天科技创新发展的特点决定的，由稀缺性资源条件下同时实现经济效益与军事效益的协同融合目标决定的。在运行过程中，军队和政府可以通过多种渠道与途径发挥主导作用，影响和支配其他创新主体，具体如图 5-13 所示。

2. "三链"融合

在产业链、价值链和创新链中，价值链是明确创新活动中各创新主体的任务分工和协同关系的前提与导向；也就是说，不同创新主体参与创新活动要以能够实现价值增值为前提，管理者选择协同创新伙伴要以实现价值增值为导向。产业链是确定创新活动中不同创新主体的任务分工和协同关系的物质基础；也就是说，产业链反映的是各创新主体具有的创新能力，各创新主体能否参与空天科技

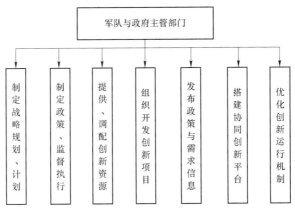

图 5-13 空天科技协同创新运行中军队与政府主导方式

协同创新，符合价值链要求是前提，在此基础上，具备相应的能力是客观基础。创新链是连接不同创新主体开展创新活动的主体链，是由符合价值链要求，具备产业链能力或资源优势的特定创新主体之间互相联系、互相协作形成的，具体包括知识链、技术链、信息链等子链。空天科技协同创新系统的运行，以空天领域价值链的分析为前提与导向，选择具备一定的产业能力与水平的创新主体加入，加入协作的各创新主体围绕空天产业链、价值链完善协同创新，形成创新链，整个创新活动中产业链、价值链、创新链各自的作用得到充分发挥，确保了空天科技协同创新系统的有序运行。

3. 高效互动

前面已经提到，空天科技协同创新问题的研究涉及协同融合与协同创新两个方面的理论，但从理论范畴上讲，归根到底它还是属于协同融合发展问题，属于协同融合发展理论指导下的空天科技科研生产协同创新问题。基于此逻辑，图 5-12 所示的空天科技协同创新运行模式，从根本上讲是一种互动型协同融合发展模式。近些年来，伴随着科学技术的发展，上述领域的技术通用性越来越强，遥感、通信、导航定位等与空天科技发展相关的社会需求越来越强烈，社会企业围绕这些需求也开展了一系列研究，具备了较强的技术与研发实力，所有这些就为实施互动型协同融合发展模式奠定了坚实基础。因此，空天科技协同融合发展模式选择总体上应该采取互动型协同融合发展模式。空天科技科研生产的产业链很长，涉及的部门范围很广，关联到材料、信息技术的控制系统、各种精细加工与高精度加工，通过互动型协同融合发展，一方面可以充分利用国防工业现有设备和资源，另一方面也可以带动相关配套产业发展，最终形成有利于空天科技创新发展的良好创新与产业生态环境。

当然，空天科技创新发展涉及的产业领域太多，其创新发展的传统主力国防工业不是在所有领域都有优势，并且有些产业对资产专用性要求不低，进入必须有大量资金投入与长期积累方才可能有所突破，比如信息技术、新材料等领域。这些产业，社会企业的创新能力已经远远走在国防工业前面，并且拥有强劲的创新活力，这时就可以考虑采取嵌入型协同融合发展模式，通过外包等方式将军事和国防需求委托社会企业供给和满足。当然对于社会有需求，但资产专用性过高，国防工业一直有优势的领域，也可以考虑采取依托型协同融合发展模式，通过培育带动社会企业发展。

4. 多要素全面协同

基于要素运行视角，可以将空天科技协同融合协同运行中的多种要素划分为核心要素与支撑要素两部分。其中核心要素部分主要是指知识创新和市场创新。从信息流的角度分析，创新系统运行的过程就是知识与市场相关创新信息的获取过程，显然它们是创新主体高效协同，获得创新成果的基础；从协同创新的核心对象分析，主要是产品创新和知识创新。支撑要素主要包括战略创新、组织创新、资源创新、管理创新、制度创新和文化创新等。基于要素视角，空天科技协同创新运行的过程就是知识与市场等核心创新要素与战略、组织、管理等创新支撑要素间的全面协同，共同生成协同创新协同效应，服务于空天科技协同创新绩效水平的提升。

需要说明的是，空天科技协同创新还是一种新生事物，随着世界科技发展和军事斗争准备等外部条件的改革，其具体运行模式必然会不断丰富和深化。比如可以依据创新主体在资金、设备、技术、人才、市场和管理等方面存在的差距，由具有优势的一方主导协同创新运行；根据创新链、产业链和产业组织的特点，分层次和分类选择协同创新模式，推进协同融合发展；再比如，要求实效，以服务于空天科技效能提升为目标，坚持不同层次、不同形式协同运行模式并存，不盲目人为地干预拔高；要讲辩证，既要看到每一种运行方式的优点，也要注意其弊端、扬长避短、趋利避害，充分发挥每一种运行模式的比较优势，协同提升空天科技协同融合创新发展绩效水平。总之，要着眼于发展，立足于千变万化的实践，积极探索空天科技协同创新的运行模式，以不断提升空天科技创新发展的绩效水平。

## 三、空天科技协同创新系统运行机制构建

空天科技协同创新运行机制是指空天科技协同创新系统运行时各参与要素相互联系、相互制约、相互作用，发挥各自功能作用及其影响的内在机理与方式。科学合理的运行机制是构建空天科技协同创新系统的重要环节，对于保障空天科技协同创新活动持续、稳定、高效开展有着重要意义。包括协同创新在内的所有类型的协同创新涉及主体多，内外部关系复杂，对于其运行机制的研究历来是理论界研究的热点与重点，多年来包括 Bonaccorsi（1994）、张哲（2009）、李祖超（2012）、刘畅（2019）等在内的众多国内外学者，从不同角度与侧面对其展开过深入系统研究。例如，潘锡杨（2015）指出高校协同创新的内部驱动力包括利益动力、发展动力以及文化动力，是推动高校开展协同创新活动的根本动力。在装备管理与发展领域，运行机制是指"装备管理工作系统及相互间作用的过程和方式"。①着眼于提高空天科技协同融合创新效能，在吸收和借鉴理论界已有的这些研究成果的基础上，本书从以下几个方面展开论述与研究。

### （一）政策引导机制

在推动空天科技协同创新外部动力中，基于空天产品的特殊性，第一位需要强调的机制就是充分发挥政策的引导作用。这种引导作用因其实施主体侧重点的不同而体现在两个方面：一个是政府的引导作用，另一个是军方的引导作用。

---

① 这是中国军事百科全书（第二版）军事装备管理（学科分册，2007 年版）给运行机制下的定义。关于运行机制的内容该书并没有给出，目前主流说法是指以竞争机制、监督机制、评价机制、激励机制四个机制为主的各种管理方式，另外有一种说法是指联研、联储、联供、联建、联修、联训为主的工作方式。本书论述以前一种说法为主。

1. 强化政府主导

就政府政策而言，空天科技产品的特殊性，客观要求在创新过程中通过政府的激励政策来有效地刺激和驱动创新主体进行创新。具体包括财政政策（如对创新的奖励）、分配政策（如从利润中提取创新基金）、信息政策（如为创新主体及时提供创新信息）、专利政策（如保护创新成果和知识产权）等。就财政政策而言，比如，对参与创新研究的创新主体给予政府补贴和税收优惠，对于创新产品纳入政府采购范围，给予创新主体贷款利率补贴等；另外通过产业政策制度调整，提高或降低空天科技产品创新进入门槛，也是一种有效引导方式。当前，要尤其重视发挥政策法规的制度引导作用。政策法规制度，是指导规范所有领域工作的基本准则，具有强烈的引导作用。协同创新涉及军地两大体系，牵扯专业领域、行业部门多，是一个复杂巨系统，只有建立完善有效的政策法规制度，才能明确各个子系统、各个基础要素之间的相互关系和职责分工，确保各部门、各专业、各环节有序排列和合理组合，进而确保形成军地创新合力。因此，随着协同创新工作不同推进，政府要注重加强法制建设，善于及时将一些成熟的协同创新经验上升到法规制度层面，从而将创新活动纳入法治化、规范化、科学化的轨道。

2. 发挥军方引导作用

就军方而言，政策引导机制就是按照空天科技创新发展规划，对空天科技研制生产过程中的内容、步骤和实施程度加以科学的安排和规定的机制，可以称其为计划主导机制。军方定期制定与发布的规划与计划对于统一协同创新目标、统一创新主体行动，避免创新工作出现盲目、无序状态具有重要作用。充分发挥军方政策引导作用，核心是根据国防和军队现代化建设要求，着眼于军事斗争准备对空天科技建设的总需求，及时制定和发布空天科技发展规划、计划，明确装备发展需求。考虑到保密和原有长期的割裂，对于空天科技，尤其是军事空天科技需求，大多数创新主体是不了解的。这就要求军方需求论证部门在装备需求形成阶段就积极吸引具有相关资质的创新主体参与论证，及时掌握潜在的创新需求。对于已经形成的需求，要在做好保密的前提下，通过固定渠道及时发布需求，让更多潜在创新主体了解需求，参与创新。要构建包括总体单位、军地科研院所和部队等参与的交流平台，及时掌握需求和创新成果信息，为协同提供便利。除此之外，政府和军方有关部队，要加大知识产权保护和交易力度，使创新主体的创新成果能够通过正常途径转移价值。

3. 军地协调

在空天科技协同创新运行政策引导机制中，政府引导与军方主导要能形成合力，而不是单打独斗。这就要求顶层上有机构，能够协调两者。2017 年 1 月 22 日，中央成立专门机构，为解决包括空天科技创新发展在内的协同融合深度发展缺乏顶层协调问题奠定了组织基础。当前，主要是要结合不同领域协同融合实践，探索中央统一领导下具体运行问题，比如如何分清管理类、创新类和服务类创新主体之间的关系，如何找准不同利益诉求创新主体之间的利益契合点，实现供给与需求无缝对接，等等。

### （二）统筹协调机制

空天科技协同创新各方投入创新资源，参与协同创新的具体目的可能不同，但归根结底是出于实现自身利益的目的，具体如表 5-4 所示。

表 5-4　空天科技协同创新不同创新主体投入与利益关切点

| 项目 | 政府部门 | 军方管理部门 | 部队 | 军地研究机构 | 各类企业 |
|---|---|---|---|---|---|
| 投入 | 税收、土地、补贴等各种优惠政策 | 军费投入、采购政策、信息发布 | 需求信息 | 知识与技术、设备设施、资金 | 资金、技术、人才、设备等 |
| 利益关切点 | 税收、就业、经济增长等综合收益 | 装备研制生产成本下降，装备技术性能、作战效能提升 | 装备性能、作战效能提升 | 本书专利等知识性成果、技术成果转化收益，整体实力提升 | 利润增长，整体竞争力提升 |

对于军方而言，推动协同创新最直接的目的就是要实现空天科技水平和作战效能的全面快速提升。基于此，必须构建以利益协调为核心的统筹协调机制。所谓统筹协调机制，是指为了确保各方协调一致行动，确保协同创新平稳高效运行符合提升空天科技创新发展长远目标，军方和政府相关部门协调各方利益，调动各方积极性，形成协同创新驱动力所制定的政策制度、所采取的方式途径。结合空天科技协同创新实践，构建以利益协调为重点的统筹协调机制应该突出以下几个方面。

1. 明确利益分配标准，制定公平的利益分配方案

这就是要在全面衡量各参与创新活动主体创新资源投入、创新中努力程度、创新成果产出贡献率、承担风险等一系列因素的基础上，制定科学的协同创新利益分配标准，形成公平合理的协同创新利益分配方案，充分发挥利益对创新主体积极性发挥的调动作用。考虑到空天科技创新复杂性特点，分配方案既要鼓励合作，支持团队创新，也要允许单兵突破，承认个人贡献。这一点在颠覆性技术创新涌现过程中显得尤为重要。

2. 明确损失弥补标准，构建利益补偿制度

任何类型的创新都是具有风险的事情，空天科技创新由于其前沿性和集成性的特点，更是面临着高度的不确定性，参与主体随时可能遭受各种损失。这种客观存在的损失，必然会影响和冲击创新主体的创新积极性，因此军方和政府有关部门要主动制定损失弥补标准，打消创新主体后顾之忧。可以考虑建立风险补偿基金，通过转移支付、财政直接投入、每年积累等多种方式，形成资金池，用以弥补创新主体损失。具体补偿标准的制定要体现公平、公正与合情合理，以真实成本损失为主，适当考虑沉没成本和潜在收益。另外，要鼓励接受补助的创新主体将所获资金再次投入创新，推动协同创新持续发展。

3. 畅通交流渠道，构建利益诉求反馈磋商体系

协同创新能够实现"1+1＞2"的协同效应，实现共赢，这也是不同利益诉求主体能够走到一起的原因所在。在肯定存在公共利益的基础上，也要看到在协同创新过程中，不同利益主体间不同利益诉求因各种因素不能，也不可能全部满足时，为了确保整个创新活动持续进行，就要求构建各种利益诉求渠道，使其能够通过多样、高效的方式反映自身诉求。同时，要搭建沟通和交流平台，使不同利益创新主体充分沟通，达到彼此理解。对于难以通过彼此沟通解决的冲突，政府和军方有关部门要及时出面，积极工作，避免冲突升级，影响协作效率。

## （三）竞争激励机制

竞争激励机制归根结底要解决的是如何调动创新主体创新积极性的问题。结合理论界的研究成果，可以看出无非是内在激励、外在刺激。具体可以从以下几

个方面分析和把握。

1. 需求拉动

需求拉动,又叫市场拉动,就是通过市场的价格发现功能,经济主体可以了解和把握市场需要什么,进而开展创新活动,最后又通过市场交易实现对创新投入转化而成的创新成果的变现,具体如图 5－14 所示。

**图 5－14　市场需求对协同创新的拉动作用**

市场需求对包括协同创新在内的创新系统的这种拉动作用主要表现在两个方面:一个是通过价格信号引导创新,也就是说市场给予创新资源价格的高低会对创新主体产生刺激,而这种刺激会以压力、动力的方式调动创新主体创新的积极性和主动性;另一个是可以减少因创新过程的不确定性而产生的消极因素。需要说明的是,市场对协同创新上述激励和拉动作用的发挥,以完善的市场经济制度的确立和运行为前提。

正是由于市场需求在推动协同创新方面具有自我组织、自我加强的作用,因此,提高空天科技协同创新绩效必须注重构建和完善相关市场和需求形成制度,进一步完善有利于协同创新成果交易变现的市场制度。

2. 技术推动

技术推动对于早期协同创新的产生发挥着重要作用。其基本原理是,一项既有的创新成果引起了新的需求领域,从而激发该领域做出进一步的创新活动。具体如图 5－15 所示。

**图 5－15　技术进步对协同创新的推动作用**

可以看出,在技术推动模式下,一项新发现引发了一系列事件,最终,发明得到了应用。对于空天科技创新发展来说,过去更多的表现是空天领域的许多尖端技术成为推动其他领域技术创新与进步的动力。当前,随着信息、人工智能等其他领域技术的快速发展,一些新兴技术完全可以引入空天领域,促进空天科技性能与效能的提升。这就要求军方有关部门，比如军委科技委，要高度关注新兴领域、新兴技术的发展，跟踪技术发展趋势，识别具有重大突破可能的前沿技术、颠覆性技术。空天科技需求论证机构，要及时掌握这些信息，考虑其潜在的应用可能，及时与下一代空天科技论证发展结合，从而激发新的创新需求。另外，也要跟踪国外空天科技发展状况，掌握其最新民用技术在空天领域应用情况，从而有针对性地发展自己的空天科技，实现有效制衡目标。

### （四）评价监督机制

评价是指采取一定标准，按照既定程序对某事或人物进行判断、分析，得出判断结论的做法与制度。"社会创新力量能否为军队服务，需要对其担负维修保障任务的能力和风险进行评价后方能决定"。就空天科技创新发展而言，评价监督在不同层面意味着不同内容。例如，在主管业务机关层面，主要是对空天科技协同融合创新发展的规划计划、政策法规等重大事项开展综合论证评估，对空天科技创新发展的预算方案进行评估；在空天科技研制生产项目层面，重点对空天科技研制价格与经费管理、合同订立与履行、研制进程与完成质量等进行评价和监督；在创新微观主体层面，主要是按相关标准对拟进入空天科技研制生产领域的企业和科研院所的装备研制资格进行审查，建立合格的创新主体名录，对合格创新主体创新过程进行随机合规性检查督导。评价监督对于协同融合管理的重要性，许多学者已经进行了充分的论证。对于提升空天科技协同创新绩效而言，关键要在提升重要性认识的基础上，采取措施做好评价监督工作。

#### 1. 建立专业的评价监督机构

这里的"专业"不是学科领域、职业领域的专业，而是指业务流程熟悉、责任心强的专门从事评价工作的人员与机构。强调建立独立、专业、稳定的评价机构是针对评价监督工作中一度存在的问题提出来的。一度包括协同融合评估在内的许多评价监督工作的组织实施基本上因任务需要而临时组建，任务完成回归原单位；在这种模式下，评价专家对评价业务熟悉程度不高，责任心不强，投入精力不够，导致评价的客观性、公正性大大降低。提高评价监督权威性、公正性，要求逐步改变以往临时组织评审委员会的做法，尽快在军兵种层面建立独立稳定的专业评价机构，负责组织开展评价工作。

2. 建立完善评价监督的规章制度与技术标准

为确保评价监督工作的开展有章可循，确保评价结论客观公正，有关部门要重视建立完善与评价监督相关的各项规章制度，明确技术标准。具体而言，要尽快开展相关评价标准的清理工作，按照新体制下装备建设与管理的权责分工，对旧的规章制度及时做出修改或重新制定；具体制定时，要坚持定性与定量评价相结合的原则，确保评价标准的针对性与可操作性。

3. 建立完善动态的空天科技研制资格审查制度

要动态科学规范地对军地研制机构的技术水平、经济实力、保密资质、信誉等进行考核评价，建立动态化的空天科技承研单位名录。通过动态的空天科技研制资格审查制度，一方面可以打破现有军工界限，有利于更多创新主体进入空天科技研制领域，另一方面也有助于形成竞争激励机制，对已经进入的创新主体形成压力，确保其持续焕发创新激情。

4. 定期开展空天科技协同融合创新绩效评估工作

在全面衡量创新要素投入、创新主体能力与努力程度、创新成果产出与转化等各方面因素的基础上，构建科学合理的空天科技协同创新绩效评价指标体系，选择合适的方法，按项目开展创新绩效评价，通过评价发现问题，不断提升创新能力与水平。

## （五）成果转移机制

简单地说，创新成果转移机制是指实现协同创新成果加速向现实应用转化所采取的途径、方式，以及需要处理好的关系，简称成果转移机制。空天科技协同创新体系的运行效果，取决于最终协同创新成果的多少，更取决于这些创新成果在不同领域的应用情况，也就是创新成果无论其最终形态是知识还是技术，通过转移得到应用实现其价值，才真正有效。这就对建立和完善创新成果转移机制提出了新的更高的要求。建立与完善空天科技协同创新成果转移机制，需要从以下几个方面有针对性地加强。

1. 提高认识促转移

当前各级充分认识到协同创新在提高创新能力与水平方面的重要性，通过建立协同创新中心、平台、基地等多种方式促进不同创新主体走到一起协同攻关，这一点值得肯定。但一个不容忽视的现象是，各级重视了前端，对于创新成果应用这个后端重视不够，导致一边是创新成果大量涌现，另一边是创新成果转化率不高。这在一定程度上已经影响了进一步创新的积极性。因此，包括政府和军方在内的创新管理机构，要高度重视创新成果转移工作，要能够站在长远和大局的角度看待问题，放弃眼前得失，主动走出去做好成果转移工作。要通过新闻媒体，宣传报道技术转移的重要性及其先进典型，在全社会形成有助于创新成果转移的价值理念和文化氛围。

2. 提供支持促转移

实践表明，空天科技协同创新成果中第一时间没有实现转移的成果，往往具有基础性、公益性。这就要求主管机关站在社会全局的高度，从建立发展基金、给予税收优惠、提供利益补贴等多层面、多角度对协同创新成果转移提供支持，提高相关主体转移的积极性。考虑到直接参与协同创新各主体主要精力在创新本身，并且也不擅长市场的实际，政府和各级主管机关要积极培育各类创新成果转移专职机构，构建创新成果交易转让平台。在补贴和各种优惠实施对象上，有针对性地向中介，尤其是最终使用对象倾斜，鼓励他们推荐和使用创新成果的积极性。

3. 形成制度保转移

20世纪80年代，为促进科技成果转移，美国出台了以《拜·杜法案》为代表的一系列法案，明确了科技成果转移过程中的各种权利与义务关系，极大地促进了美国科技成果转化的效率。吸收借鉴美国经验，在强调转变观念、制定支持举措外，我国也要注重通过法律、政策等制度性安排，解决科技成果转移过程中面临的各种体制机制障碍，加快形成"信息顺畅、利益共享、资源共用、风险共担"的创新成果转移的制度安排。法律法规是制度安排的最高体现，促进创新成果转移，同样要注重将成熟的做法上升为法律法规。比如，在我国长期知识产权保护实践的基础上，进一步修改完善知识产权保护法，在创新成果的权属、使用、转让、收益等关键环节做出制度性规定，对于侵权、违约等相关行为的惩罚进行清晰界定，不生歧义。针对军队科研院所存在科技成果转化法律主体地位不明的现状，要完善科技创新成果转化相关法规，明确军队科研院所与地方科研机构具有同等法律地位，允许军队科研院所按照法规允许的方式（如技术合作、专利转让许可、技术入股等）进行科技创新成果转化。与此相对应，军队有关部门要依法清理不符合促进科技成果转化精神的文件规定。

### （六）风险防控机制

如同所有创新活动一样，空天科技在协同创新过程中，从探索性研究到预先研究，到研制生产，再到使用保障，几乎每一个环节都不可避免地会面临各种不确定性。尽管这种不确定性随着创新生命周期呈现出了递减趋势，但依然会使参与创新活动的各类主体面临或大或小的风险。要确保空天科技协同创新活动高效有序运行，必须构建风险防控机制。空天科技协同创新的风险防控就是指各类创新主体，尤其是管理类主体要有意识地通过对创新过程中各类风险因素的预判、识别和评估，主动采取有效方法降低不确定性，减弱不确定性对创新活动造成的负面影响。

构建空天科技协同创新的风险防控机制，首先要构建风险预判、识别、评估、应对和监控等各种子机制，全方位管控风险，提高风险应对能力。这其中建立风险预判和识别机制，提高风险预判与识别能力是进行风险防控的基础，而建立风险评估与应对机制，提高风险应对与监控能力则是进行风险防控的关键。考虑到空天科技协同创新的特殊性，要有针对性地构建双方风险共担的制度与机制。具体就是要着眼于加快航天技术与航天类创新成果的产生、转化和应用，建立起利益共享与风险共担的机制，使创新活动开展中的权利、义务、收益、风险等对等、匹配起来，确保参与创新活动的各类主体能够在共同利益目标的基础上，按照创新活动中的分工承担相应的责任。在这其中，尤其要强调政府和军队等管理类主体制定出相应的政策制度，确保风险共担机制顺畅运行。

## （七）空天科技协同创新运行机制模型

空天科技协同创新是一个复杂巨系统，协调系统内各方面关系，确保系统平稳高效运行，不仅仅局限于前述六个方面机制。但这六个方面机制涵盖了空天科技协同创新运行的主要方面，从运行动力、运行过程和运行保障三个逻辑层面上回答了创新系统运行问题[①]。这其中，政策引导机制、评价监督机制与竞争激励机制着重回答了运行动力问题；统筹协调机制重点回答了运行过程中利益冲突如何协调的问题，属于协同创新系统运行的核心机制；成果转移机制服务于创新成果转让，风险防控机制贯穿于创新活动全过程，有效规避与降低创新活动中的不确定性，这两者属于协同创新系统运行的保障机制。具体如图 5 – 16 所示。

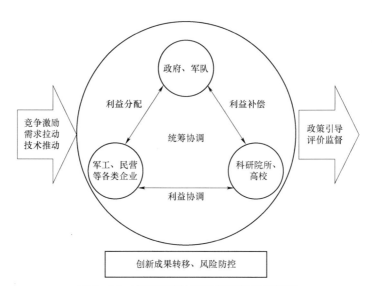

图 5 – 16    空天科技协同创新运行机制模型

---

① 协同创新运行动力机制回答和解决的关键问题是推动系统持续运转的力量源泉是什么。公认的动力机制主要包括需求拉动、技术推动和政策引导；过程机制重点回答和解决如何将不同利益主体聚在一起同心协力创新的问题，理论界提出的动力机制除了本书中概括的统筹协调机制，还包括组织协调机制、项目协调机制、沟通交流机制等；保障机制，顾名思义就是保障系统平稳运行的机制，除本书概括的创新成果转让机制外，理论界还提出了资源共享、收益分配、人才发展等机制。

上述几个方面机制作用的发挥并不是孤立的，而是相互联系、彼此促进的一个体系。这其中统筹协调作为促进协同创新的关键机制，重在利益调节，通过利益分配、补偿、协调等具体机制调整协同创新内部各主体间关系，而政策引导、评价监督和竞争激励等更多是从外部对协同创新中的关系进行调整，属于一种外部力量。

## ▉ 四、本 章 小 结

本章在理论概述、演化分析和系统分析的基础上，着眼于解决现实问题，提升空天科技协同创新能力与水平，从指导思想、基本原则、建设目标、关键环节四个方面系统提出了空天科技协同创新系统构建的总体思路，强调空天科技协同创新系统构建必须坚持整合资源，有效协同、多方参与，军方主导、注重结构、完善功能、柔性组织、灵活管理、平战结合，注重实战等基本原则，指出在系统具体构建与推进中必须在重点关注创新主体聚集、创新生态位的明确和创新平台的形成等三个关键环节的基础上，有序推进；在梳理理论界关于协同融合和协同创新运行模式分类的基础上，依据空天科技协同创新系统构建的总体思路，提出并论述了政府与军队"双方"主导，产业链、价值链、创新链"三链"融合的多要素全面协同的空天科技协同创新运行模式；着眼于提高空天科技协同创新能力，在吸收和借鉴理论界已有的这些研究成果的基础上，概括论述了空天科技协同创新中的政策引导、统筹协调、竞争激励、评价监督、成果转移、风险防控等机制的内涵及其运用，在分析了这些机制内在联系的基础上，提出了空天科技协同创新运行机制模型。本章构建总体思路的提出，运行模式与运行机制的概括与论述，较为系统地回答了空天科技协同创新系统"怎么建""怎么运行"的问题。

# 第六章

# 空天科技协同创新的绩效评价

空天科技协同创新绩效评价就是在分析影响协同创新因素的基础上，采取一定方法对协同创新投入转化为创新成果、创新成果产生经济效益和协同各方满意度进行衡量和判断的行为与过程。开展空天科技协同创新绩效评价有利于探索规律、强化监督、辅助决策，是开展空天科技协同创新研究的重要内容，对于提升空天科技协同创新能力与水平有着重要的作用与影响。

## 一、空天科技协同创新绩效评价理论分析

梳理国内文献可以发现，包括协同创新在内的创新绩效评价的一般思路是：概念界定或影响因素—评价内容—评价指标—评价方法—评价模型—评价。在吸收借鉴理论界已有研究思路的基础上，本书确立了如图 6-1 所示的绩效评价研究思路。

### （一）创新绩效及其评价的内涵

绩效从构词角度看，由"绩"和"效"两个有独立内涵的词组成。一般而言，"绩"就是成绩、业绩，表明经过一段时间努力后活动主体最终获得或产值、或分数、或报酬，等等。"绩"往往只能表明一个结果，不直接反映活动主体过程中的付出与努力。"效"就是"效益、效率"，表明实现目标效果大小，往往用投

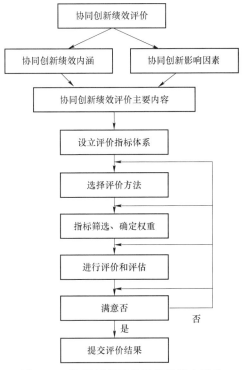

图 6－1　协同创新绩效评价的基本思路

入产出比衡量。在英文中，与"绩效"对应的单词是"Performance"，《牛津词典》给出的释义是"表现；性能；业绩；工作情况"，《现代汉语词典》给出的解释是"成绩、成效"。绩效是一个在多个学科出现和使用的概念，对于其定义，各学科给出的表述大同小异，反映的基本是某个系统在给定条件下的运行情况。从这个角度看，可以给出绩效的一般性定义：某项活动的效果与效率。

创新绩效，顾名思义指的就是创新活动的效果与效率，或者说某一个创新主体在创新活动中的表现。以上是简单理解，在学者们的视野中创新绩效概念的界定要复杂得多。大多数学者还是基于投入产出理论，将创新绩效理解为创新的效率和效果；也就是说，创新绩效是指创新投入转化为创新成果的效率和创新成果应用后产生的价值（效果）。

　　创新绩效评价（Performance Evaluate）就是采取何种方式衡量创新活动的绩效。相对于绩效内涵认识的基本一致性，对于如何评价绩效，学者们观点的差异还是比较大的。梳理文献从方法论角度可以将这些学者分为三大类。

　　第一类是以结果为导向的创新绩效评价观。这类学者主张创新绩效评价最终应该看结果，也就是产出，而不是所谓过程和付出。持这类观点的学者认为，之所以强调结果，不仅仅是因为经济考虑，更重要的是因为结果相对于过程与付出更容易采用客观统一的标准进行量化判断，评价结论更容易保持公平与公正。深入分析可以发现，持这种观点的学者，有一种潜在的假定，那就是主体活动过程中的能力与付出程度是一样的，或者是因为各种因素没法衡量而假定不变的。可以说，正是因为有了这一潜在假定，才可能单纯通过对结果的对比衡量创新绩效大小。

　　第二类是以过程为导向的创新绩效评价观。持这种观点的学者认为，创新活动的成果，或者说结果是由参与系统的每一个主体在活动过程中的付出多少、努力程度大小，以及各主体间协同关系顺畅与否等决定的，因此，能够科学准确地评价创新绩效的不应该是行动的结果，而是与"组织目标有关的，可以按照个体的能力、付出和贡献程度进行测量的行为"。可以看出，持这种观点的学者将创新绩效与行为活动及过程挂钩，甚至等同，认为过程和行为到位了，结果是自然而然的事情。梳理可以发现，持这种观点的学者，其研究领域大多集中于基础类研究、公益类项目之中，这类活动的成果往往不能直接衡量，于是通过衡量参与主体活动过程中的付出与行为进行绩效判断，也就有了其合理之处。

　　第三类是以过程结果整体考虑为导向的创新绩效评价观。持这种观点的学者认为创新过程与结果是决定与反映的关系，过程决定结果，结果反映过程。因此，衡量与判断绩效既要看参与主体能力与活动过程中的付出与行为，也要看最终结果，两者的对比分析是评判绩效的最基本途径。对于空天科技协同创新而言，尽管存在创新成果价值，但考虑到其最终价值往往很难通过市场方式衡量，因此，绩效评价时，更应该坚持过程结果整体考虑为导向的绩效观。

　　如果说在理论层面，对绩效评价如何实施还存在不同的观点，那么在实践层面学者们的意见则一致得多。具体就创新绩效评价来说，学者们普遍基于系统理论与投入产出理论将创新绩效理解为创新系统创新活动的效率和效果。这其中效率是指创新要素投入转化为创新成果的效率高低，而效果则侧重指创新成果市场转换后所实现的经济价值。结合绩效和创新绩效概念的界定，这里给出创新绩效评价的界定：采取一定方式对创新活动的效率与效果进行评定，具体包括对创新投入转化为创新成果效率的评定、对创新成果应用后价值效果的评定等两个方面。

## （二）协同创新绩效及其评价的内涵

协同创新与其他类型创新相比，还是有着明显的区别的，尽管这种区别不是实质性、根本性的[①]。基于此，可以在对创新绩效评价一般性理解把握的基础上，将协同创新的特殊性考虑进去。对于创新，在具体评价指标设计时，有比较成熟的思路与方法可供借鉴。这里重点需要考虑的是协同，也就是在评价指标设计时将协同创新与其他创新加以区别。

协同创新与其他类型创新最鲜明的区别在于参与主体的多元，并且这些主体在总体目标下，有着具体而不同的利益诉求，或者说预期。显然，参与主体利益诉求和预期目标在创新过程中的满足程度，会影响其积极性和努力程度，从而影响协同创新的效果与效率。基于此，进行协同创新绩效评价时，除了要考虑创新投入转化为创新成果的效率、创新成果应用后产生的效果这两个创新绩效评价的内容，还要考虑参与协同创新各主体的利益诉求、预期目标实现度，等等。正如有的学者提出的，参与创新各主体对协同创新所产生的效率与效果是否达到他们预期的判断，即各创新主体对协作的满意度，会对合作的内部协调性产生直接影响，进而会影响合作的积极性以及最终协同的结果。

结合对概念内涵的分析，可以给出协同创新绩效评价的界定：采取一定方式

---

① 协同创新与其他类型创新的区别，主要体现在主体与客体不同两个方面。从主体角度看，协同创新主体涵盖军方，包括军方需求论证、军方所属科研院所和研究力量，甚至最终产品使用方部队也可以参与；从客体角度看，协同创新客体，无论是知识、技术，还是产品，都应该有军事用途，或者有潜在军事应用价值，纯商用技术与产品不应该是协同创新客体。

对协同创新活动的效率与效果进行评价的过程，具体包括对创新投入转化为创新成果效率的评定、对创新成果应用后价值效果的评定，以及对协同创新主体各方满意度的评定等三个方面。

### （三）空天科技协同创新绩效评价内涵及其主要内容

空天科技协同创新绩效评价是对空天科技协同创新中的创新投入转化为创新成果效率、创新成果应用后实现的价值，以及参与创新的各方满意度等的评定。对空天科技协同创新评价内涵展开深入分析，是实施创新绩效评价的前提和基础。内涵的分析为空天科技协同创新绩效评价指标体系的设计，从理论上提供了基本指导。协同创新绩效评价内涵与创新绩效评价之间的内在逻辑关系如图 6－2所示。基于此逻辑，在本书前述各章节分析研究的基础上，可以从以下三个方面概括归纳空天科技协同创新绩效评价的具体内容。

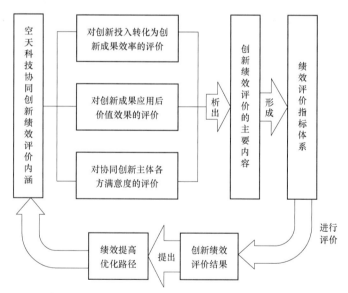

图 6－2　空天科技协同创新绩效评价内涵与绩效评价内容逻辑关系图

1. 投入支持层面

在对空天科技协同创新系统分析时，已经指明其创新过程中的要素投入，既包括参与协同创新的各创新主体所拥有的人才（隐性知识）、技术、资金、信息、设备、管理等资源，也包括政府和军方管理部门投入的资金、信息、税收补贴与优惠等的支持，还包括参与创新活动所有主体的能力、努力与付出①。进行绩效评价时，在评价指标与标准设计时，应该注意考虑这些因素。除此之外，考虑到空天科技的特殊性，在行为主体努力与付出衡量，也就是主体能力衡量时，应该侧重对军方能力的评价，具体包括军方管理部门的主导能力、军方需求提出部门的论证能力，以及军方科研院所的研制能力，等等。

**2. 协调沟通层面**

绩效评价应该坚持过程结果整体考虑，而不应该是单独某一个方面。许多学者在设计协同创新评价内容指标时，过多地考虑了投入因素、结果因素而忽视了过程因素，这实质上就淡化了协同创新的协同效应，而追求协同效应是不同利益主体走到一起的真正原因，也是协同创新区别于其他创新形式最重要的地方。因此，进行协同创新绩效评价时，要考虑协同配合因素。可以考虑设置战略协同、知识协同和组织协同，以及沟通交流频率等方面的评价。

**3. 产出效益层面**

梳理协同创新绩效评价相关文献，在吸收借鉴学者们已有相关研究成果的基础上，可以概括出协同创新产出效益层面的评价内容：知识产出（专利、研究报告、本书、人才培养等）、经济产出（可以直接应用的新技术与新产品等）、文化产出（管理创新成果、制度创新成果）和公益产出（劳动者素质提升、技术溢出效益、产业整体水平提升等）。可以看出，知识产出与经济产出属于直接的传统意义上的产出，文化产出与公益产出属于间接产出，在评价时容易被忽视。考虑到空天科技协同融合创新的特殊性，也就是其最终技术与产品通过市场的方式往往难以衡量其真实经济价值，在对其协同创新绩效评价时要更重视对间接产出的衡量。

总之，从协同创新绩效评价内涵的三个方面，可以分析出绩效评价的具体内容，而这些内容是制定绩效评价指标的重要依据。同时，依据这些评价指标在选定评价方法指导下实施的绩效评价结论，又可以指导制定新的绩效评价思路与方

---

① 考虑到评价时对于主体努力与付出判断时往往难以避免主观色彩，因此在实践中具体设计评价指标与标准时，往往使用主体自身能力代替。

案，进而深化对协同创新绩效评价内涵的理解。总之，创新绩效评价内涵理解和创新绩效评价之间构成了一个完整的回路，前者为后者奠定理论和基本框架，后者又可以促进对前者理解的深化，以此类推。

## 二、空天科技协同创新绩效评价体系构建

一个完整的绩效评价体系包括评价主体、客体、目标、指标、标准、方法、反馈及奖惩等多种要素，而评价指标与评价方法是其中最为关键的两个因素。基于绩效评价指标体系选定基本思路，在剖析绩效评价内涵的基础上，可以构建出空天科技协同创新绩效评价指标体系，确定评价方式，进而构建起空天科技协同创新绩效评价体系[①]。

### （一）空天科技协同创新绩效评价指标体系模型

空天科技协同创新是一个受多种因素影响的具有多层次、多侧面的有机整体，决定和影响其绩效的各因素之间往往存在着相互联系、相互制约的复杂关系。根据前述章节关于空天科技协同创新绩效评价内涵及其概念模型的分析界定，可以构建出如图 6-3 所示的空天科技协同创新绩效评价的指标体系框架模型，从理论层面回答评价指标包括什么的问题。

1. 投入支持类指标

从系统论角度看，这部分属于协同创新系统的输入性因素，具体包括创新过程中各创新主体直接投入人才（隐性知识）、技术、资金、信息、设备、管理等资源，包括各创新主体自身能力及努力付出情况，还包括政府和军方管理部门投入的政策、资金、信息、税收补贴与优惠等的支持，以及可能存在的各种金融支持和中介服务支持。在四类输入性因素中，基于创新活动不同于一般生产活动，绩效评价指标设定要特别考虑"创新主体能力"的重要性。

---

① 空天科技协同创新评价体系中，实施评价的主体通常是政府、军方等各级管理机构，而客体，也就是评价对象，则是直接参与创新活动的各类创新主体，其目标就是发挥评价功能，促进空天装备协同创新绩效水平的提升。

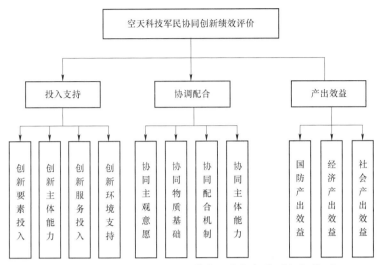

图 6 – 3　空天科技协同创新绩效评价指标体系框架模型

2. 协调沟通类指标

这部分属于过程性因素，是协同效应得以实现的基本途径，也是协同创新绩效评价与其他创新绩效评价指标设计最大的不同之处。结合何郁冰（2012）、解学梅，方良秀（2015）、乔玉婷（2015）、索超（2018）等众多学者的研究成果，这里设置"协同主观意愿""协同物质基础""协同配合机制""协同主体能力"四个二级指标，考察协同创新过程中的协同效应。其中"协同主观意愿"着重考察各参与主体间彼此的信任，可以通过主动沟通的频率、交流内容等的设置来考察；"协同物质基础"主要考察有利于协同的保障性条件，如资源对接互补程度、共建协同组织、共用设施比率、合作研发项目数、合作研发项目金额等；"协同配合机制"主要考察有利于促进协同创新主体焕发创新激情、有利于促进创新主体与客体充分结合、有利于创新成果加快转化等有助于协同创新效率提升的体制机制设计。

3. 产出效益层面

这个层面指标属于系统输出层面，反映在既定输入与过程因素下，协同创新产出的大小，是评价创新绩效最直观、最有效的指标。梳理相关文献，结合空天科技协同创新的特殊性，这个层面下设置"国防产出效益""经济产出效益""社会产出效益"三个二级指标，其中前两个考察的是传统意义上的产出，属于直接所得，后一个"社会产出效益"主要涉及人才培养、交叉学科培育、知识传播等，显然间接产出在评价时容易被忽视。在前面的分析时已经提到过，空天科技协同融合创新的成果，比如最终技术与产品通过市场的方式往往难以衡量其真实经济价值，在对其协同创新绩效评估时要更重视对间接产出的衡量。

## （二）空天科技协同创新绩效评价指标体系优化

上述评价指标模型是在概念内涵剖析和叠加国内外学者关于协同创新影响因素和绩效评价指标研究成果的基础上得出的，显然这种评价指标体系更多的是理论层面的。现实中开展空天科技协同创新绩效评价，需要依据绩效评价指标选取原则，征询专家意见，甚至构建结构方程模型等多种方式对理论指标体系进行验证、筛选、剔除，从而得到科学的评价指标体系。

### 1. 优化原则

围绕绩效评价选取，学者们着眼于科学、全面、导向等提出了一系列原则。在吸收借鉴这些提法的基础上，结合空天科技协同创新实践，作者认为在理论指标基础上，优化选取具体评价指标，应该突出以下几个方面。

（1）科学性

科学性就是要确保指标筛选准确客观，避免指标选取主观与随意。具体而言，空天科技协同创新绩效评价指标筛选，需要以遵循协同创新内在规律为前提，按照影响协同创新绩效的内外部因素确定评价指标，根据各因素影响权重确定每一个指标在评价体系中的权重。有学者在论述指标设计原则时，提出过要考虑简便性，就是要便于后续评价的实施与操作。应该说，简便性本身没有错误，但需要注意简便性的实现不能以损害科学性为前提，只有这样才能保证评价结果客观准确，具有参考价值。

（2）系统性

协同创新是一个复杂的系统，涉及方方面面，其绩效自然受多方面因素的影响，而不是某一方面、某几个因素所能决定的。因此，构建绩效评价指标体系首要要体现系统性，就是要确保指标选取覆盖协同创新全流程、各方面。比如要考虑反映投入与产出的相关指标，也要考虑反映协同过程的相关指标；要考虑反映内部运行的相关指标，同样要考虑外部环境的相关指标，避免出现某一方面或环节评价指标缺失现象。系统性除了要求注意指标选取的全面，还要求注意指标选取的层次性，就是在确保覆盖面的前提下，每一个层面下的指标选取要有纵深，从不同层次和深度的具体细节反映绩效。比如当前主流的三层绩效评价指标体系，就较好地体现了层次性的要求。

（3）导向性

如果说前两点都是在强调指标筛选的客观性，那么导向性体现的就是评价指标筛选的主观性。前面分析时已经提到了，绩效评价工作开展的具有监督引导作用。就是通过绩效评价，一方面发现协同创新过程中存在的问题，促进创新主体解决问题，提高创新绩效；另一方面评价同样还具有发现优点和长处的作用，可以使创新主体了解努力的方向。为此，空天科技协同创新绩效评价指标的选取在符合指标选取一般性规律的前提下，要能够反映协同创新的特点，能够切近协同创新实际，更有针对性，从而能够引导创新主体扬长避短，在解决问题和发挥优势的过程中不断提高空天科技协同创新的能力与水平。

（4）求精原则

前面论述了指标选择要注重全面性和系统性，但考虑到绩效评价涉及因素众多，选择范围的指标注定也不会少，这时，为了确保后续评价的可操作性，在确保评价指标选择的覆盖面的前提下，在相同环节或涉及类似影响因素相关指标的选取上，要有求精思想，指标选取不宜太多。除了可操作性，指标过多也会造成一些指标的灵敏度下降，导致具体分析时不易分清各指标间的逻辑关系。总之，绩效评价指标选取，应该在整体性得以确保和体现的前提下，尽量剔除低灵敏度指标。

2. 一级指标优化

依据前面确立的绩效评价指标筛选原则与思路，邀请空天科技领域需求论证和总体技术方面的 15 位专家，以座谈会的方式征询专家对本书构建的空天科技协同创新绩效评价指标体系模型的意见。对于一级指标，专家普遍认为模型中提出的三个一级指标逻辑关系清晰，能够对创新绩效做出评估。考虑到协同创新的特殊性，加之协同机制在确保协同创新高效平稳运行中的重要地位，在大多数专家的建议下，增设"协同机制"一级指标，加强对创新绩效中协同效应的考核与评估。

3. 二级指标优化

采用李克特5级量表请专家对模型中所有指标的合理性程度进行评判，进而采用隶属度分析，剔除了"创新服务投入""协同主体能力"等两个二级指标，将相关有价值指标按逻辑关系分别归入"创新环境支持"和"协同物质基础"指标。在"产出效益"一级指标下，增加"技术效益"二级指标，更加全面地反映协同创新产出成果。有两位学者明确提出，"创新环境支持"二级指标涵养范围太广，涉及指标很多，建议上升为一级评价指标，没有得到其他学者支持，故保持不变。

4. 三级指标确立

考虑到绩效评价指标模型中没有三级指标，不利于科学、准确、全面地反映空天科技协同创新绩效，15位专家建议增设三级指标。遵循绩效评价逻辑，本书运用扎根理论对第二章第四节中提出的影响空天科技协同创新绩效的一系列因素进行识别，初步确立了影响绩效的近60个要素。按照二级指标优化的方法与思路，最终确立了包括管理类主体投入、研发类主体投入、人才、学科等在内的48个要素为三级指标。

5. 验证确立

考虑到初步筛选的各个指标之间经过专家甄别后，依然可能存在一些会影响到评价结果合理性和科学性的因素，本书对前期调研获取的数据进行分析整理，并运用SPSS19.0（Statistical Product and Service Solutions）软件进行了回归与相关性分析，检验各指标的信度、共同度，删除了"创新成果市场转化率"等三个指标。为了进一步确保评价指标的针对性、合理性与可应用性，邀请中国航天科技集团、中国航天科工集团所属研究院所15位专家，以某企业为样本对整个指标体系（即所有的三级指标）进行了实测，基于数据获取性、安全保密等考量，删除了"军队课题立项"等五个三级指标，最终得到如表6-1所示的空天科技协同创新绩效评价指标体系。

表 6-1　空天科技协同创新绩效评价指标体系

| 综合指标 | 一级指标 | 二级指标 | 三级指标（%） |
|---|---|---|---|
| 协同创新绩效水平 | 投入支持 | 主体要素投入 | 管理类主体投入占比 |
| | | | 研发类主体投入占比 |
| | | 客体要素投入 | 协同融合创新资金投入占比 |
| | | | 协同融合创新技术投入占比 |
| | | | 协同融合创新信息投入占比 |
| | | 创新主体能力 | 人才队伍结构 |
| | | | 本书发表、著作出版状况 |
| | | | 新兴交叉学科培育情况 |
| | | 创新环境支持 | 金融支持满意度 |
| | | | 中介支持满意度 |
| | | | 政策支持满意度 |
| | 协调配合 | 协同主观意愿 | 双方合作目标契合度 |
| | | | 协同文化建设程度 |
| | | | 双方彼此信任度 |
| | | 协同条件基础 | 共建共用设施占比 |
| | | | 创新资源互补程度 |
| | | | 合作研发项目占比 |
| | | 协同组织运行 | 协同组织结构状况 |
| | | | 协同组织运行状况 |
| | 协同机制 | 政策引导 | 政府主导 |
| | | | 军方引导作用 |
| | | | 军地协调 |
| | | 统筹协调 | 利益分配 |
| | | | 损失补偿 |
| | | 竞争激励 | 需求拉动 |
| | | | 技术推动 |
| | | 评价监督 | 论证评估 |
| | | | 过程评估 |
| | | | 创新成果评估 |

| 综合指标 | 一级指标 | 二级指标 | 三级指标（%） |
|---|---|---|---|
| 协同创新绩效水平 | 协同机制 | 成果转移 | 政策保障 |
| | | | 法规制度保障 |
| | 产出效益 | 国防产出效益 | 空天科技性能变化情况 |
| | | | 空天科技研发效率提升程度 |
| | | | 部队使用满意度 |
| | | 经济产出效益 | 空天科技研发成本下降率 |
| | | | 空天科技产值增长率 |
| | | | 空天科技利税额变动率 |
| | | 技术产出效益 | 每年新增专利数量 |
| | | | 适合转化的成果比例 |
| | | | 成果转化周期 |

### （三）空天科技协同创新绩效评价方法

无论是能力，还是效率评价都有着多种评价方法，而评价结果往往会因为选择评价方法的不同而不同。常用的评价方法包括主成分分析法、层次分析法、德尔菲法、归纳分析法、演绎分析法等多种。分析这些常用的创新能力评价方法，每一种都有其优势，也有其缺点与不足。吸收借鉴各种方法的长处，结合空天科技协同创新特点以及本书研究目的，本书选择能够解决多目标的复杂问题的定性与定量相结合的决策分析方法——模糊层次分析法（F–AHP）构建评价模型，分析协同创新绩效。

基本思路是运用层次分析法（AHP）将目标细分为不同级别的子指标，建立指标层次模型；避免可能存在的因某一层次评价指标过多导致的思维一致性难以保证的问题，应用德尔菲预测方法[①]，确立权重向量；对各级指标进行综合层次

---

① 该方法的基本原理是以调查问询的形式向选定的专家提出一系列问题，并汇总整理专家意见，每完成一次提问和回答的过程称为一轮。将上轮咨询所得意见的一致程度和各位专家的不同观点等信息匿名反馈给每一位专家，再次征询意见。如此反复多次（一般情况下为 3～4 轮），使意见趋于一致。由最后一轮征询得到的专家意见组合成专家群体的集体意见，即可得到指标权重。参见：张钦，周德群. 国防科技工业创新型企业评价研究 [M]. 北京：科学出版社，2011：7。

化计算，得到显示评价水平的模糊子集；采用最大隶属度原则对模糊子集进行识别，得到评估结论。具体过程如下：

1. 构建指标层次结构模型

确定指标层次结构，是合理确定指标权重的前提与基础。遵循一般规律将一级指标用 $M$ 表示，$M_1$, $M_2$, $M_3$, $M_4$ 分别对应投入支持，协调配合，协同机制，产出效益等四个一级指标，可得到：

$$M = M_1, M_2, M_3, M_4 \tag{6.1}$$

然后可以针对一级指标中的各指标分别进行分析，确定对应的二级指标模型，如下所示：

$$M_1 = M_{11}, M_{12}, M_{13}, M_{14} \tag{6.2}$$

$$M_2 = M_{21}, M_{22}, M_{23} \tag{6.3}$$

$$M_3 = M_{31}, M_{32}, M_{33}, M_{34}, M_{35} \tag{6.4}$$

$$M_4 = M_{41}, M_{42}, M_{43} \tag{6.5}$$

同理，可确定各二级指标对应的三级指标模型，如下所示：

$$M_{11} = M_{111}, M_{112} \tag{6.6}$$

$$M_{12} = M_{121}, M_{122}, M_{123} \tag{6.7}$$

$$M_{13} = M_{131}, M_{132}, M_{133} \tag{6.8}$$

$$M_{14} = M_{141}, M_{142}, M_{143} \tag{6.9}$$

$$M_{21} = M_{211}, M_{212}, M_{213} \tag{6.10}$$

$$M_{22} = M_{221}, M_{222}, M_{223} \tag{6.11}$$

$$M_{23} = M_{231}, M_{232} \tag{6.12}$$

$$M_{31} = M_{311}, M_{312}, M_{313} \tag{6.13}$$

$$M_{32} = M_{321}, M_{322} \tag{6.14}$$

$$M_{33} = M_{331}, M_{332} \tag{6.15}$$

$$M_{34} = M_{341}, M_{342}, M_{343} \tag{6.16}$$

$$M_{35} = M_{351}, M_{352} \tag{6.17}$$

$$M_{41} = M_{411}, M_{412}, M_{413} \tag{6.18}$$

$$M_{42} = M_{421}, M_{422}, M_{423} \tag{6.19}$$

$$M_{43} = M_{431}, M_{432}, M_{433} \tag{6.20}$$

## 2. 确立权重

一级指标 $M$ 的权重如式（15）所示，其中 $n$ 表示一级指标的数量。

$$W_f = w_1, w_2, \cdots, w_n \tag{6.21}$$

$W_{is}$ 表示第 $i$ 项一级指标对应的二级指标权重，则有：

$$W_{is} = w_{i1}, w_{i2}, \cdots, w_{im} \tag{6.22}$$

其中 $m$ 表示第 $i$ 项一级指标对应的二级指标的个数，$i \in \{1，2，3，4\}$。

$W_{ist}$ 表示第 $i$ 项一级指标对应的三级指标权重，则有：

$$W_{ist} = w_{im1}, w_{im2}, \cdots, w_{imp} \tag{6.23}$$

其中 $p$ 表示第 $i$ 项一级指标对应的第 $m$ 项三级指标的个数，$i \in \{1，2，3，4\}$。

## 3. 构建空天科技协同创新评价等级与绩效评价模型

由于空天科技协同创新绩效及其评价受多种因素影响，每一因素很难用具体数字量化表示。基于此考虑，本书将空天科技协同创新绩效水平等级分为优、良、中、差四个模糊子级别，设为辨识集（$\mu_1$，$\mu_2$，$\mu_3$，$\mu_4$），采用德尔菲方法统计各级指标的协同绩效水平，并逐步进行层次化计算。

第一步，针对三级指标进行综合评价计算：

$$F_{is} = W_{ist} \cdot E_{ist} \tag{6.24}$$

其中 $E_{ist}$ 表示第 $i$ 项一级指标对应的各三级指标下的模糊评价矩阵，由于评价等级有 4 个级别，故 $E_{ist}$ 为一四阶矩阵，具体如式（6.25）所示：

$$E_{ist} = \begin{bmatrix} a_{1s1} \dots a_{1s4} \\ \\ a_{is1} \dots a_{is4} \end{bmatrix} \tag{6.25}$$

第二步，针对二级指标进行综合评价计算：

$$F_i = W_{is} \cdot F_{is} = W_{is} \cdot W_{ist} \cdot E_{ist} \tag{6.26}$$

在此基础上，针对一级指标进行综合评价计算得到最终的评价水平：

$$Q_f = W_f \cdot F_i \tag{6.27}$$

其中 $W_f$ 是一级指标的权重集，为 $1 \times 4$ 矩阵。

4. 绩效水平判断

至此，就可以对空天科技协同创新绩效进行判断。基本思路就是对上一步构建空天科技协同创新评价等级与绩效评价模型时，获得的模糊子集采用最大隶属度原则，进行直接识别，即选择评价水平等级中的最大值 $R_q$ 为最终评价结果，即有：

$$R_q = \max\left(J_{fq1} : J_{fq4}\right) \tag{6.28}$$

其中 $q$ 为对应的评价对象编号，此 $q \in \{1, 2, 3 \cdots n\}$。

## ■ 三、空天科技协同创新绩效评价实证分析

考虑协同融合的特殊性，以及相关数据的可获得性，本书选取中国航天科技集团和中国航天科工集团旗下 11 家上市公司作为初步评价对象，具体名单如表 6-2 所示。在对这 11 家上市公司的经营情况和公开数据分析的基础上，结合研究需要，本书运用空天科技协同创新绩效评价模型对航天动力、航天通信和中兴通讯等三家公司进行评价，判断这三家公司一定时期协同创新绩效情况，找到影响它们协同创新绩效提升的关键因素，查找问题，总结提高；同时，评价也能够为相关决策机构提供一个评判创新主体协同创新绩效水平的模型，从而为提升整个产业创新绩效提供参考。

表 6-2 空天科技协同创新绩效评价标本企业选取

| 所属集团 | 上市企业 | 所属集团 | 上市企业 |
|---|---|---|---|
| 中国航天科技集团 | 中国卫星（600118） | 中国航天科工集团 | 航天信息（600271） |
| | | | 航天通信（600677） |
| | 航天机电（600151） | | 航天晨光（600501） |
| | | | 航天科技（000901） |
| | 航天动力（600343） | | 航天电器（002025） |
| | | | 航天电子（600879） |
| | 四维图新（002405） | | 中兴通讯（000068） |

## （一）分析过程

结合本书构建的空天科技协同创新绩效评价指标体系的特点，对三家企业协同创新绩效的评价做了以下几个方面的工作。

### 1. 确定各级指标权重

依据表 6-1 中不同层级的元素确立判断矩阵调查表，向国防科技创新、协同融合等领域的 10 位专家发函，请各位专家利用简易法表格进行打分。在获取专家打分后，通过两两重要性比较赋值、反复意见征询等多种方法，整理构造出模糊一致判断矩阵。在此基础上，按照灰色层次分析法权重向量的计算方法，求出各级指标的权重，最终结果如表 6-3 所示。

表 6-3　空天科技协同创新绩效评价各级指标对应权重

| 一级指标 | 权重 | 二级指标 | 权重 | 三级指标 | 权重 |
|---|---|---|---|---|---|
| $M_1$ | 0.20 | $M_{11}$ | 0.12 | $M_{111}$ | 0.62 |
| | | | | $M_{112}$ | 0.38 |
| | | $M_{12}$ | 0.18 | $M_{121}$ | 0.31 |
| | | | | $M_{122}$ | 0.36 |
| | | | | $M_{123}$ | 0.33 |
| | | $M_{13}$ | 0.32 | $M_{131}$ | 0.51 |
| | | | | $M_{132}$ | 0.12 |
| | | | | $M_{133}$ | 0.37 |
| | | $M_{14}$ | 0.38 | $M_{141}$ | 0.32 |
| | | | | $M_{142}$ | 0.20 |
| | | | | $M_{143}$ | 0.48 |
| $M_2$ | 0.35 | $M_{21}$ | 0.42 | $M_{211}$ | 0.31 |
| | | | | $M_{212}$ | 0.28 |
| | | | | $M_{213}$ | 0.41 |
| | | $M_{22}$ | 0.23 | $M_{221}$ | 0.18 |
| | | | | $M_{222}$ | 0.48 |
| | | | | $M_{223}$ | 0.34 |

续表

| 一级指标 | 权重 | 二级指标 | 权重 | 三级指标 | 权重 |
|---|---|---|---|---|---|
| $M_2$ | 0.35 | $M_{23}$ | 0.35 | $M_{231}$ | 0.58 |
| | | | | $M_{232}$ | 0.42 |
| $M_3$ | 0.30 | $M_{31}$ | 0.32 | $M_{311}$ | 0.38 |
| | | | | $M_{312}$ | 0.40 |
| | | | | $M_{313}$ | 0.22 |
| | | $M_{32}$ | 0.23 | $M_{321}$ | 0.53 |
| | | | | $M_{322}$ | 0.47 |
| | | $M_{33}$ | 0.11 | $M_{331}$ | 0.58 |
| | | | | $M_{332}$ | 0.42 |
| | | $M_{34}$ | 0.13 | $M_{341}$ | 0.29 |
| | | | | $M_{342}$ | 0.41 |
| | | | | $M_{343}$ | 0.30 |
| | | $M_{35}$ | 0.21 | $M_{351}$ | 0.62 |
| | | | | $M_{352}$ | 0.38 |
| $M_4$ | 0.15 | $M_{41}$ | 0.42 | $M_{411}$ | 0.39 |
| | | | | $M_{412}$ | 0.22 |
| | | | | $M_{413}$ | 0.39 |
| | | $M_{42}$ | 0.33 | $M_{421}$ | 0.34 |
| | | | | $M_{422}$ | 0.33 |
| | | | | $M_{423}$ | 0.33 |
| | | $M_{43}$ | 0.25 | $M_{431}$ | 0.41 |
| | | | | $M_{432}$ | 0.32 |
| | | | | $M_{433}$ | 0.27 |

**2. 确定各企业对应评价指标评价等级**

采取问卷调查的方法，对表 6-1 中的 $M_2$ "协调配合"、$M_3$ "协同机制" 两个一级指标下的三级指标进行评价。由于这些指标基本属于定性指标，故设置评语级为优、良、中、差四个等级。调查问卷见附录，其题目设置基本涵盖了各定性指标本身，或者其影响因素。考虑到了参与问卷调查人员在企业工作岗位、职责等的不同而会导致同样问题理解不同，在问卷中设置了相应的题目，在最终信息统计处理时给予剔除。问卷共发放 180 份，每家企业 60 份，在具体发放时，以直接参与协同创新活动的科研人员为主，兼顾管理人员。以中国航天科技集团所属航天动力为例，60 份问卷中，公司中层以上领导 12 份，研发部门 30 份，驻厂军代表 5 份，合作单位 8 份，相关政府机关 5 份。三家公司最终回收有效问卷 147 份，整理、统计后得到三家企业各自评价集，具体如表 6-4 所示。

表 6-4　空天科技企业绩效评价定性指标评价集

| 三级指标 | 航天动力 | | | | 航天通信 | | | | 中兴通讯 | | | |
|---|---|---|---|---|---|---|---|---|---|---|---|---|
| | 优 | 良 | 中 | 差 | 优 | 良 | 中 | 差 | 优 | 良 | 中 | 差 |
| $M_{211}$ | 0.35 | 0.35 | 0.20 | 0.10 | 0.30 | 0.40 | 0.30 | 0.00 | 0.50 | 0.45 | 0.05 | 0.00 |
| $M_{212}$ | 0.40 | 0.30 | 0.20 | 0.10 | 0.35 | 0.30 | 0.25 | 0.10 | 0.35 | 0.25 | 0.30 | 0.10 |
| $M_{213}$ | 0.30 | 0.30 | 0.30 | 0.10 | 0.40 | 0.40 | 0.10 | 0.10 | 0.30 | 0.30 | 0.25 | 0.15 |
| $M_{221}$ | 0.50 | 0.45 | 0.05 | 0.00 | 0.30 | 0.30 | 0.30 | 0.10 | 0.50 | 0.20 | 0.15 | 0.15 |
| $M_{222}$ | 0.35 | 0.30 | 0.25 | 0.10 | 0.30 | 0.40 | 0.30 | 0.00 | 0.20 | 0.40 | 0.30 | 0.10 |
| $M_{223}$ | 0.40 | 0.40 | 0.10 | 0.10 | 0.35 | 0.25 | 0.30 | 0.10 | 0.30 | 0.30 | 0.40 | 0.00 |
| $M_{231}$ | 0.20 | 0.40 | 0.20 | 0.20 | 0.20 | 0.40 | 0.30 | 0.10 | 0.35 | 0.35 | 0.30 | 0.00 |
| $M_{232}$ | 0.30 | 0.30 | 0.40 | 0.00 | 0.50 | 0.20 | 0.15 | 0.15 | 0.40 | 0.10 | 0.30 | 0.20 |
| $M_{311}$ | 0.40 | 0.10 | 0.30 | 0.20 | 0.35 | 0.35 | 0.30 | 0.00 | 0.20 | 0.40 | 0.30 | 0.10 |
| $M_{312}$ | 0.35 | 0.35 | 0.30 | 0.00 | 0.35 | 0.40 | 0.25 | 0.00 | 0.50 | 0.45 | 0.05 | 0.00 |
| $M_{313}$ | 0.30 | 0.30 | 0.30 | 0.10 | 0.30 | 0.30 | 0.30 | 0.10 | 0.30 | 0.30 | 0.30 | 0.10 |
| $M_{321}$ | 0.40 | 0.30 | 0.25 | 0.05 | 0.50 | 0.40 | 0.10 | 0.00 | 0.40 | 0.30 | 0.20 | 0.10 |
| $M_{322}$ | 0.30 | 0.30 | 0.40 | 0.00 | 0.30 | 0.30 | 0.30 | 0.10 | 0.20 | 0.40 | 0.30 | 0.10 |
| $M_{331}$ | 0.20 | 0.40 | 0.20 | 0.20 | 0.20 | 0.40 | 0.30 | 0.10 | 0.30 | 0.30 | 0.30 | 0.10 |
| $M_{332}$ | 0.30 | 0.30 | 0.30 | 0.10 | 0.35 | 0.25 | 0.30 | 0.10 | 0.35 | 0.35 | 0.30 | 0.00 |
| $M_{341}$ | 0.20 | 0.40 | 0.40 | 0.00 | 0.20 | 0.40 | 0.40 | 0.00 | 0.50 | 0.15 | 0.15 | |
| $M_{342}$ | 0.35 | 0.35 | 0.20 | 0.10 | 0.10 | 0.30 | 0.40 | 0.30 | 0.40 | 0.30 | 0.25 | 0.05 |
| $M_{343}$ | 0.35 | 0.40 | 0.25 | 0.00 | 0.25 | 0.45 | 0.20 | 0.10 | 0.40 | 0.10 | 0.30 | 0.20 |
| $M_{351}$ | 0.30 | 0.30 | 0.30 | 0.10 | 0.20 | 0.40 | 0.40 | 0.00 | 0.50 | 0.40 | 0.10 | 0.00 |
| $M_{352}$ | 0.40 | 0.30 | 0.25 | 0.05 | 0.45 | 0.25 | 0.20 | 0.10 | 0.30 | 0.30 | 0.40 | 0.00 |

考虑到前述构建的空天科技协同创新绩效评价指标体系中的 $M_1$ "投入支持"、$M_4$ "产出效益"两个一级指标及其下属各指标更多为定量指标，不能直接看出其属于优、良、中、差四个评语等级中的哪一个。借鉴乔哲（2015）分析同样问题的思路，采用云推理模型确定各定量指标的定性评价结果，具体如表 6-5 所示。

表 6-5　空天科技企业绩效评价定量指标定性评价集

| 三级指标 | 航天动力 | | | | 航天通信 | | | | 中兴通讯 | | | |
|---|---|---|---|---|---|---|---|---|---|---|---|---|
| | 优 | 良 | 中 | 差 | 优 | 良 | 中 | 差 | 优 | 良 | 中 | 差 |
| $M_{111}$ | 0.35 | 0.50 | 0.25 | 0.00 | 0.30 | 0.25 | 0.35 | 0.10 | 0.35 | 0.25 | 0.35 | 0.05 |
| $M_{112}$ | 0.40 | 0.35 | 0.15 | 0.10 | 0.25 | 0.30 | 0.25 | 0.20 | 0.45 | 0.30 | 0.15 | 0.10 |
| $M_{121}$ | 0.35 | 0.40 | 0.15 | 0.10 | 0.40 | 0.35 | 0.10 | 0.15 | 0.40 | 0.45 | 0.10 | 0.05 |
| $M_{122}$ | 0.10 | 0.25 | 0.45 | 0.20 | 0.10 | 0.35 | 0.35 | 0.20 | 0.35 | 0.40 | 0.25 | 0.10 |
| $M_{123}$ | 0.20 | 0.25 | 0.45 | 0.10 | 0.15 | 0.30 | 0.35 | 0.20 | 0.45 | 0.30 | 0.25 | 0.00 |
| $M_{131}$ | 0.20 | 0.30 | 0.40 | 0.10 | 0.35 | 0.25 | 0.35 | 0.05 | 0.30 | 0.15 | 0.40 | 0.15 |
| $M_{132}$ | 0.35 | 0.40 | 0.15 | 0.10 | 0.40 | 0.35 | 0.10 | 0.15 | 0.45 | 0.30 | 0.25 | 0.00 |
| $M_{133}$ | 0.40 | 0.30 | 0.30 | 0.00 | 0.35 | 0.25 | 0.35 | 0.05 | 0.30 | 0.15 | 0.40 | 0.15 |
| $M_{141}$ | 0.35 | 0.35 | 0.20 | 0.10 | 0.20 | 0.45 | 0.20 | 0.15 | 0.40 | 0.20 | 0.25 | 0.15 |
| $M_{142}$ | 0.20 | 0.30 | 0.40 | 0.10 | 0.35 | 0.25 | 0.35 | 0.05 | 0.35 | 0.40 | 0.25 | 0.10 |
| $M_{143}$ | 0.10 | 0.45 | 0.25 | 0.20 | 0.40 | 0.35 | 0.10 | 0.15 | 0.40 | 0.20 | 0.35 | 0.05 |
| $M_{411}$ | 0.30 | 0.30 | 0.30 | 0.10 | 0.30 | 0.30 | 0.35 | 0.05 | 0.45 | 0.25 | 0.30 | 0.00 |
| $M_{412}$ | 0.40 | 0.40 | 0.20 | 0.00 | 0.25 | 0.40 | 0.25 | 0.10 | 0.30 | 0.15 | 0.40 | 0.15 |
| $M_{413}$ | 0.35 | 0.35 | 0.15 | 0.10 | 0.30 | 0.30 | 0.20 | 0.20 | 0.50 | 0.35 | 0.15 | 0.00 |
| $M_{421}$ | 0.10 | 0.45 | 0.25 | 0.20 | 0.30 | 0.30 | 0.30 | 0.10 | 0.45 | 0.30 | 0.15 | 0.10 |
| $M_{422}$ | 0.20 | 0.30 | 0.40 | 0.10 | 0.30 | 0.20 | 0.30 | 0.20 | 0.30 | 0.30 | 0.30 | 0.10 |
| $M_{423}$ | 0.40 | 0.35 | 0.15 | 0.10 | 0.25 | 0.40 | 0.25 | 0.10 | 0.40 | 0.30 | 0.20 | 0.10 |
| $M_{431}$ | 0.30 | 0.30 | 0.30 | 0.10 | 0.15 | 0.30 | 0.35 | 0.20 | 0.40 | 0.10 | 0.40 | 0.10 |
| $M_{432}$ | 0.20 | 0.25 | 0.45 | 0.10 | 0.40 | 0.35 | 0.10 | 0.15 | 0.35 | 0.30 | 0.35 | 0.00 |
| $M_{433}$ | 0.40 | 0.40 | 0.10 | 0.10 | 0.30 | 0.25 | 0.35 | 0.10 | 0.35 | 0.30 | 0.20 | 0.15 |

3. 进行协同创新绩效评价

以航天动力为对象，按照模糊层次分析法，先对二级指标下的各三级指标分析。由表 6-3、6-4 和表 6-5 可知，航天动力二级指标 $M_{11}$ 对应三级指标权重集和评价集分别为：

$$W_{11t} = [0.62 \quad 0.38] \tag{6.29}$$

$$E_{11t} = \begin{bmatrix} 0.35 & 0.50 & 0.25 & 0.00 \\ 0.40 & 0.35 & 0.15 & 0.10 \end{bmatrix} \tag{6.30}$$

应用模糊数学模型，计算得到 $M_{11}$ 模糊子集：

$$F_{11} = W_{11t} \cdot E_{11t} = [0.369 \quad 0.443 \quad 0.212 \quad 0.038] \tag{6.31}$$

同理，可以计算出航天动力（600343）其他二级指标 $M_{is}$ 的模糊子集分别为：

$$F_{12} = [0.2105 \quad 0.2965 \quad 0.357 \quad 0.136] \tag{6.32}$$

$$F_{13} = [0.292 \quad 0.312 \quad 0.333 \quad 0.063] \tag{6.33}$$

$$\vdots$$

$$F_{43} = [0.295 \quad 0.311 \quad 0.294 \quad 0.1] \tag{6.34}$$

以此类推，可以求出航天通信、中兴通讯两家企业对应的各二级指标的模糊子集，完整数据如表 6-6 所示。

表 6-6　空天科技企业绩效评价指标权重及其评价特征值

| 二级指标 | 权重 | 航天动力 | | | | 航天通信 | | | | 中兴通讯 | | | |
|---|---|---|---|---|---|---|---|---|---|---|---|---|---|
| | | 优 | 良 | 中 | 差 | 优 | 良 | 中 | 差 | 优 | 良 | 中 | 差 |
| $M_{11}$ | 0.12 | 0.37 | 0.44 | 0.21 | 0.04 | 0.28 | 0.27 | 0.31 | 0.14 | 0.39 | 0.27 | 0.27 | 0.07 |
| $M_{12}$ | 0.18 | 0.21 | 0.30 | 0.36 | 0.14 | 0.21 | 0.33 | 0.27 | 0.18 | 0.40 | 0.38 | 0.20 | 0.05 |
| $M_{13}$ | 0.32 | 0.29 | 0.31 | 0.33 | 0.06 | 0.36 | 0.26 | 0.32 | 0.06 | 0.32 | 0.17 | 0.38 | 0.13 |
| $M_{14}$ | 0.38 | 0.20 | 0.39 | 0.26 | 0.15 | 0.33 | 0.36 | 0.18 | 0.13 | 0.39 | 0.24 | 0.30 | 0.09 |
| $M_{21}$ | 0.42 | 0.34 | 0.32 | 0.24 | 0.10 | 0.36 | 0.37 | 0.20 | 0.07 | 0.38 | 0.33 | 0.20 | 0.09 |
| $M_{22}$ | 0.23 | 0.39 | 0.36 | 0.16 | 0.08 | 0.32 | 0.33 | 0.30 | 0.05 | 0.29 | 0.33 | 0.31 | 0.08 |
| $M_{23}$ | 0.35 | 0.24 | 0.36 | 0.28 | 0.12 | 0.33 | 0.32 | 0.24 | 0.12 | 0.37 | 0.25 | 0.30 | 0.08 |
| $M_{31}$ | 0.32 | 0.36 | 0.24 | 0.30 | 0.10 | 0.34 | 0.36 | 0.28 | 0.02 | 0.34 | 0.40 | 0.20 | 0.06 |
| $M_{32}$ | 0.23 | 0.35 | 0.30 | 0.32 | 0.03 | 0.41 | 0.35 | 0.19 | 0.05 | 0.31 | 0.35 | 0.25 | 0.10 |

续表

| 二级指标 | 权重 | 航天动力 | | | | 航天通信 | | | | 中兴通讯 | | | |
|---|---|---|---|---|---|---|---|---|---|---|---|---|---|
| | | 优 | 良 | 中 | 差 | 优 | 良 | 中 | 差 | 优 | 良 | 中 | 差 |
| $M_{33}$ | 0.11 | 0.24 | 0.36 | 0.24 | 0.16 | 0.26 | 0.34 | 0.30 | 0.10 | 0.32 | 0.32 | 0.30 | 0.06 |
| $M_{34}$ | 0.13 | 0.31 | 0.38 | 0.27 | 0.04 | 0.23 | 0.37 | 0.25 | 0.18 | 0.43 | 0.21 | 0.24 | 0.12 |
| $M_{35}$ | 0.21 | 0.34 | 0.30 | 0.28 | 0.08 | 0.36 | 0.34 | 0.26 | 0.04 | 0.42 | 0.36 | 0.21 | 0.00 |
| $M_{41}$ | 0.42 | 0.34 | 0.34 | 0.24 | 0.08 | 0.29 | 0.32 | 0.27 | 0.12 | 0.44 | 0.27 | 0.26 | 0.03 |
| $M_{42}$ | 0.33 | 0.23 | 0.37 | 0.27 | 0.13 | 0.29 | 0.30 | 0.28 | 0.13 | 0.38 | 0.30 | 0.22 | 0.10 |
| $M_{43}$ | 0.25 | 0.30 | 0.31 | 0.29 | 0.10 | 0.27 | 0.30 | 0.27 | 0.16 | 0.37 | 0.34 | 0.21 | 0.08 |

继续以航天动力为对象，按照模糊层次分析法，对一级指标下的各二级指标进行分析。由表6-6可知，航天动力一级指标 $M_1$ 对应二级指标权重集和评价集分别为：

$$W_{1i} = [0.12 \quad 0.18 \quad 0.32 \quad 0.38] \tag{6.35}$$

$$E_{1i} = \begin{bmatrix} 0.37 & 0.44 & 0.21 & 0.04 \\ 0.21 & 0.30 & 0.36 & 0.14 \\ 0.29 & 0.31 & 0.33 & 0.06 \\ 0.20 & 0.39 & 0.26 & 0.15 \end{bmatrix} \tag{6.36}$$

应用模糊数学模型，计算得到 $M_1$ 模糊子集：

$$F_1 = W_{1i} \cdot E_{1i} = [0.252 \quad 0.352 \quad 0.297 \quad 0.105] \tag{6.37}$$

同理，可以计算出航天动力其他一级指标的模糊子集分别为：

$$F_2 = [0.319 \quad 0.341 \quad 0.238 \quad 0.101] \tag{6.38}$$

$$F_3 = [0.333 \quad 0.298 \quad 0.291 \quad 0.077] \tag{6.39}$$

$$F_4 = [0.293 \quad 0.342\,4 \quad 0.261\,8 \quad 0.102] \tag{6.40}$$

则可以得到航天动力一级指标综合评价特征：

$$F = \begin{bmatrix} 0.252 & 0.352 & 0.297 & 0.105 \\ 0.319 & 0.341 & 0.238 & 0.101 \\ 0.333 & 0.298 & 0.291 & 0.077 \\ 0.293 & 0.342 & 0.2618 & 0.102 \end{bmatrix} \tag{6.41}$$

由表 6-3 可知，一级指标权重集为：

$$W_{1f} = [0.20 \quad 0.35 \quad 0.30 \quad 0.15] \tag{6.42}$$

因此，航天动力的协同创新绩效综合评价水平如下：

$$J_{f1} = W_{f1} \cdot F = [0.306\,19 \quad 0.331\,06 \quad 0.269\,17 \quad 0.095\,05] \tag{6.43}$$

重复上述计算流程，计算得到的航天通信和中兴通讯的协同创新能力综合评价水平分别如下：

$$J_{f2} = [0.322\,64 \quad 0.335\,39 \quad 0.252\,46 \quad 0.091\,11] \tag{6.44}$$

$$J_{f3} = [0.365\,93 \quad 0.302\,91 \quad 0.256\,04 \quad 0.077\,93] \tag{6.45}$$

由式（6.43）、式（6.44）和式（6.45）可知，三家空天科技研制生产企业创新绩效综合评价级别的特征值如表 6-7 所示。

表 6-7　三家航天领域上市公司不同水平级别的特征值

| 企业 | 优 | 良 | 中 | 差 |
| --- | --- | --- | --- | --- |
| 航天动力 | 0.306 19 | 0.331 06 | 0.269 17 | 0.095 05 |
| 航天通信 | 0.322 64 | 0.335 39 | 0.252 46 | 0.091 11 |
| 中兴通讯 | 0.365 93 | 0.302 91 | 0.256 04 | 0.077 93 |

根据最大隶属度原则和式（6.28），分析表 6-7 可以看出，三家企业协同创新绩效评价水平等级中的最大值分别为 0.331 06，0.335 39 和 0.365 93，其中前两家企业的最大值出现在"良好"这一等级，而第三家企业中兴通讯是出现在"优秀"这一等级。因此，在同一绩效水平评价框架下，中兴通讯的创新绩效水平最高（优秀：0.365 93），其次是航天通信，最后是航天动力。

上述评价结果，与第三方评价公司根据三家上市公司历年发布的财务数据分析所得结论完全一致，在一定程度上证明了本书构建评价指标体系的科学性，选择评价方法与思路的正确性。深入分析评价过程数据，中兴通讯在协同融合基础技术研究方面、在学科创新与协同管理创新上优势突出。为了提升协同创新水平，航天动力、航天通信两家企业应有针对性地加强共性与基础性技术研发，加强学科方向进一步凝炼，提升学科建设水平。另外要加强对协同创新过程的管理，优化设备管理、质量管理和运营管理流程和方法。

### （二）结论与启示

通过以上分析，可以得到以下几点启示：

一是空天科技协同创新绩效和能力水平是由创新主体、客体要素投入、创新主体能力、创新环境支持、协同主观意愿、协同条件基础、协同组织运行等一系列因素决定的。这其中，创新要素投入和协同组织运行、协同创新机制占据着更为重要的地位，是空天科技协同创新能力提升的前提，创新环境支持是协同创新绩效和能力提升的保障，创新主体能力提升是根本。

二是通过提炼空天科技协同创新体系中的共性指标，可对其他创新体系和创新主体微观层次的评价指标进行适应性拓展研究，提高本书的分析评价框架在其他领域微观层面评价的应用能力。

三是这里的研究方法仅适用于空天科技协同创新的绩效与能力评价研究，对其他类型创新体系的其他创新行为评价，仍需结合评价一般理论进行深入研究。

## 四、本章小结

开展空天科技协同创新绩效评价有利于探索规律、强化监督、辅助决策，对于提升空天科技协同创新能力与水平有着重要的作用与影响。本章界定了空天科技协同创新绩效评价的内涵，指出绩效评价指标应涵盖投入支持、协调沟通与产出效益等几个方面。按照理论界一般研究思路，结合本书第二、第四和第五章的相关论述和研究成果，在考虑影响要素的基础上，构建起了包括四大类一级指标、15 类二级指标与若干三级指标在内的空天科技协同创新绩效评价指标体系。最后，在分析指标体系特点和各类评价方法适用性的基础上，确定了模糊层次分析法的评价方法，并选取中国航天科技集团与中国航天科工两家集团旗下三家上市公司的调研数据，进行了案例分析，验证了本书提出的空大科技协同创新评价指标体系和评价方法的适用性。

# 第七章

# 空天科技协同创新能力提升对策

理论是指导与服务实践的，也只有在指导与服务实践的过程中，理论才能焕发出强大的生命力。阐述空天科技协同创新的内涵、特征、动因，分析空天科技协同创新的系统构成，研究空天科技协同创新体系的构建与运行，最终都是为了提升我国空天科技协同创新的能力与水平。在前述章节研究论述的基础上，按照空天科技协同创新系统运行的一般性原理，着眼于解决存在问题，当前需要重点抓好以下几个方面的工作。

## 一、进一步推动空天领域协同融合深度发展

空天科技协同创新问题，从根本上讲是融合发展问题。从这一角度看，提升空天科技协同创新的绩效水平，宏观层面上首先要考虑的就是提升整个国家整体的融合发展水平，从观念、制度、体制、市场环境等各个方面入手推动空天领域协同融合深度发展。针对我国空天领域协同融合处于由初步向深度融合迈进的现状，着眼于提升协同融合深度发展水平，当前要采取各种措施不断丰富空天科技协同融合形式、拓展融合范围、提升融合层次。

### （一）提高思想认识

站在国家安全和发展战略全局的高度，提高推进空天领域协同融合深度发展

的自觉性、坚定性。科学分析把握安全与发展环境，是一个国家正确处理国防建设与经济建设关系的前提与基础。当前，我国面临着极为特殊和复杂的安全与发展环境，要求坚定不移推进协同融合深度发展。就安全环境而言，"作为一个发展中大国，中国仍然面临多元复杂的安全威胁。"概括起来，当前我国安全形势变化主要体现在以下几个方面：周边安全环境形势十分严峻，国家主权和领土完整面临新的威胁；一些西方国家对我国的发展加剧牵制和遏制，国家政治安全和持续发展面临新的威胁；各种威胁和挑战联动效应明显，国家统一和社会稳定面临新的威胁。除了以上三个方面，随着我国国家利益不断拓展，国际和地区局势动荡、恐怖主义、海盗活动、重大自然灾害和疾病疫情等都可能对国家安全构成威胁，海外能源资源、战略通道安全以及海外机构、人员和资产安全等海外利益安全问题凸显。就发展形势而言，经过改革开放以来 40 多年的快速增长，受经济规律、加快转变经济发展方式、化解多年来积累的深层次矛盾等一系列因素影响，我国经济发展进入了增长换挡期、结构调整阵痛期、前期刺激政策消化期"三期叠加"的新阶段，过去持续推动中国经济增长的各种有利条件消失或衰弱，新的经济增长动力尚未形成，能否成功规避"中等收入陷阱"，如期实现全面建成小康社会的宏伟目标面临着一系列压力与挑战。改革开放以来，我国空天领域协同融合积极推进，取得了显著成就，但这种成绩的取得，依然属于"靠感情来维系，靠关系来协调，靠政治觉悟来推动"的初步融合。有效应对空天领域安全和发展双重压力与挑战，协调航天产业发展与太空安全建设之间的关系，迫切要求加快推进空天领域协同融合创新建设。

站在解决现实问题的角度，增强推进空天领域协同融合发展的自觉性和坚定性。改革开放以来，我国空天领域协同融合取得了以"载入航天"为代表的显著成就。在肯定成绩的同时，也要看到，空天领域重复建设普遍、融合效益低下等长期存在的问题依然存在。究其原因，缺少国家主导作用的发挥和相应的制度保障，是不容忽视的因素。促进我国空天领域协同融合领域长期存在问题的解决，迫切要求在思想上进一步端正认识，克服部门利益束缚，加快推进协同融合深度发展，加快构建空天科技协同创新体系。只有这样，才能充分发挥国家在协同融合中的顶层统筹统管作用，切实为空天领域协同融合提供政策法规保障，协调融合过程中的利益冲突，也才能破解制约因素，解决长期存在的问题，进而促进空天领域协同融合水平的提升，确保中国梦航天梦的实现。

### （二）把握基本要求

针对空天领域协同融合现状，进一步推动空天领域协同融合深度发展应该把握以下几点基本要求。

#### 1. 丰富空天领域协同融合形式

融合形式是实现融合的方式与载体，提升空天领域协同融合水平，必须丰富融合形式，实现融合形式的多元化。改革开放 40 多年来，在空天科技创新发展实践中我们探索出了包括共用共享、相互转化、功能嵌入、优化组合等在内的多种有效的协同融合形式。当前，应当在注重发挥这些既有融合形式的作用与效能的基础上，积极探索新型融合形式，比如，本着"不求为我所有，但求为我所用"的思想，探索全要素融合模式。

#### 2. 拓展空天领域协同融合范围

协同融合范围的大小是衡量协同融合深度发展程度的重要标尺。当前要在充分挖掘空天领域已有融合形式的基础上，积极推动空天领域协同融合从生产配套向需求论证、探索研究、型号预研、使用保障等环节和领域拓展延伸。

#### 3. 提升空天领域协同融合层次

融合层次涉及的是融合由谁来主导，有没有顶层统筹。一般来说，如果融合由国家主导、有统筹规划，是高层次融合；否则，就是低层次融合。融合层次的高低直接决定和影响高效益融合目标的实现。立足当前空天领域协同融合现状，提升融合层次，要注重在做好部门层次协调的基础上，更重视发挥国家主导作用。当实践中出现融合无序、效率低下，尤其是在军地双方有利益冲突导致融合层次难以提升时，国家要通过制定政策，强力推进，以确保融合层次提升，深度融合局面尽快打开。

### （三）抓住战略举措

所谓战略举措，是为了实现总体目标，依据基本要求，结合实际有针对性地提出的举措措施。结合现阶段空天领域协同融合存在的一系列问题，推动空天领域协同融合深度发展要牢牢把握以下几个方面。

一是针对实践中存在的观念滞后，过分考虑个人、部门得失，只愿融别人，不愿别人融等问题，进一步强化大局意识。空天技术与装备创新发展是一个复杂的大系统，包括航天器、航天运输系统、航天发射场、航天测控系统等众多复杂的子系统，而这些子系统又各包括一些分系统。不难理解，如此复杂的大系统，技术含量又高，还处于整个科技发展的最前沿，单靠一个产业、一个部门、几个企业是绝对搞不定的。新时代，实现空天技术与装备快速发展，必须树立协同融合协同发展理念。各相关主体要主动提高站位，辩证处理局部与全局、眼前与长远的关系，主动克服部门利益、既得利益、眼前利益的束缚，主动融入、快速融入，在融合协同中提升我国空天科技创新发展水平。

二是针对实践中存在的体制性障碍、结构性矛盾、政策性问题等制约协同融合深度发展的因素，要进一步强化改革创新。当前，重要的是要围绕空天技术与装备创新发展，尽快形成组织管理、工作运行和政策制度等三大体系。政府宏观管理部门和军委相关办事机构，要按照相关部门的统一领导与部署，积极谋划贯彻落实措施，尽量做实做细，确保成效。

三是针对实践中存在的顶层设计不够、融合无序、效率低下等问题，要进一步强化战略规划。考虑到空天科技协同创新的高端性，统筹决策要由国家高层做出，政府和军队管理部门协同管理和推动，企业和行业协会负责具体实施。据此，应建立国家、部门和民间三个层次的协同融合发展统筹协调机构，国家层面可以考虑在相关部门的领导下，建立由国务院和中央军委统一领导的综合性协调机构，从国家层面实现对空天科技设协同融合发展的宏观决策和统筹协调。部门层面由国务院相关职能部门和军委科技委、装备发展部等参与组成协调机构，具体负责协调空天领域技术与装备研制的科研项目需求，协调两用技术和产业的发展规划，协调技术标准和法规制度等。

四是针对协同融合领域长期存在的法制机制不健全，要进一步强化法治保障。长期以来，法制机制的不健全是制约我国空天领域协同融合深度发展的重要因素。比如，我国已经有了知识产权法、专利法、保密法，但在协同融合领域贯彻不彻底，于是融合双方或担心被侵权，或担心失泄密而不愿融、不敢融。这就要求实践中要充分发挥法律法规在促进协同融合与协同创新中的作用，通过法律规范、引导创新主体的行为，通过法规保障创新主体的创新成果。

## ▓ 二、进一步加强对空天科技协同创新的统筹

涉及空天科技创新发展的各宏观管理部门要根据国家经济社会发展和科学技术发展状况，根据空天科技创新发展的需求，认真研究事关空天科技创新发展的重大问题，通过国家战略、重大工程与科技专项、基础条件建设等引导相关创新主体聚焦航天技术与装备创新发展的战略重点，协同攻关，不断提升协同创新能力与水平。

### （一）以国家顶层战略规划为指导

空天科技协同创新关系国民经济长远发展、关系未来一段时期国家安全，需要建立国家层面的长远发展规划。西方主要工业国家重视通过制定国家战略性规划，统筹一体化发展。近几年，我国也相应出台了一系列促进协同融合的顶层规划，但针对空天领域国家顶层规划还不够，应在准确判断国家发展的当前利益和长远利益基础上，科学制定空天科技协同创新战略。当前，加强空天领域协同创新战略规划，应在充分认识必要性的基础上，按照战略规划制定的一般性程序做好以下三个方面的工作。

一是空天科技协同创新环境分析，就是按照前面章节中提到的系统环境分析，全面分析空天科技协同创新面临的内外部环境，尤其是要注重对空天科技协同创新现状与潜力的分析，清楚把握其长处和优势、短处和劣势，从而为制定协同创新发展战略打下基础。

二是设计空天科技协同创新战略方案，具体包括制定战略目标、明确战略方针，以及进行战略规划等三个方面的内容。在这其中，尤其要注重制定战略目标，就是在环境分析的基础上，制定切实可行，且具有一定挑战性的建设目标，在制定过程中要注意总体目标下各具体目标之间的配合，确保形成合力。

三是战略方案实施与评价。战略方案的实施是指空天科技协同创新系统运用各种手段，动员各种力量，为实现战略目标而采取的一切行动。战略方案实施的关键在其有效性，因而，战略方案实施之后，要对其实施结果进行评价。战略方案评价是一个不可忽视的重要环节，空天科技协同创新战略实施后，要通过评价找出战略方案实施的结果与预期目标的差异，以采取措施进行纠正，使战略目标最终得到实现。

在以国家顶层战略规划为指导，统筹空天科技领域协同创新资源时，要面向世界科技前沿，面向国家安全与发展重大需求，面向空天科技创新发展趋势，构建定位清晰、任务明确、布局合理、开放协同、分类管理、投入多元的空天科技协同创新体系，实现布局结构优化、领域优化和区域优化。要坚持以国家需求为导向，按照国家战略需求进行空天科技协同创新的战略布局；要坚持以重大问题为牵引，解决制约空天科技长远发展的科学问题和技术问题；要坚持以资源整合为重点，包括人才、学科、设备、信息等在内的各类创新资源是空天科技创新发展必不可少的基本条件。

## （二）以战略性重大工程和科技专项实施为牵引

科技重大专项是指一个国家为了实现重点关键领域突破，获得创新成果，以国家战略目标为指引，由政府出面组织或支持实施的重大战略产品研发、关键共性技术攻关、重大工程建设。回顾我国空天科技创新发展历程时，不难发现，以重大工程建设为纽带，实施专项计划，通过任务牵引全社会创新资源，形成创新合力，是我国空天领域能够在技术基础非常弱的情况下，取得一个又一个创新成果的重要法宝之一。放眼全球，实施战略性重大工程和重大科技专项计划，集中全社会创新力量协同攻关，也是西方主要工业国家提高自身竞争力的重要措施。2018年相关部门就明确指出，战略性重大工程是推动科技创新的有效途径，要以工程建设为牵引，集中优势力量协同攻关，早日取得突破。新时代，空天技术与装备发展涉及的技术领域更多，综合性更强，在我们国家整体创新实力与发达国家还有明显差距的情况下，若要取得突破性的创新成果，就要通过重大工程建设，通过实施专项计划统筹国内创新资源，进而提高空天科技协同创新能力水平。

在现有的国家科技重大专项（2006—2020）中，"高分辨率对地观测系统""载人航天与探月工程"两个重大专项与空天领域直接相关，要继续发挥其在促进协同创新中的龙头作用。新时代，以国家重大科技专项促进协同创新能力水平提升，要注重选择有限目标，突出重点。遵循创新资源稀缺性原理，重大专项目标的选择要有效聚焦，不可普遍撒网，要体现国家在不同时期的战略目标，聚集制约空天科技创新发展的关键技术；要注重对专项计划的动态调整，根据空天科技创新发展实践，对偏离战略目标的计划做出及时调整，补充前沿技术、颠覆性技术。要注重专项计划的梯次接续，"科技创新2030—重大项目"中明确"深空探测及空间飞行器在轨服务与维护系统"为空天领域下一步重大项目，空天领域各创新主体要在做好现有专项计划的同时，积极谋划启动这一重大项目，筹划好这一重大项目协同问题。

### （三）以科技基础条件建设为支撑

科技基础条件保障能力是国家科技创新能力建设、空天科技协同创新能力提升的重要基础和保障。一个国家的科技基础条件具有明显的公共产品特征和正外部性效应，政府和宏观管理部门要注重通过多种举措夯实科技基础条件保障能力与水平。

1. 加强重大科研基础设施建设

支持有关部门、地方依托高等院校和科研院所围绕科技创新需求共同兴建重大科研基础设施，形成覆盖全面、形式多样的国家科研设施体系。例如，在空天基础研究、应用研究、大型实验、试验与鉴定等若干重大领域，逐步建设高水平的国防科技重点实验室和国家工程技术中心。再如，采取多种方式建立企业技术中心，构建以企业为核心，以人才为依托，产学研相结合，运行机制灵活的科技创新平台，为空天科技创新发展奠定物质基础。

2. 创新体制机制，强化科研设施与国家科技创新基地的衔接，提高成果产出质量，充分发挥科研设施在促进包括空天科技在内的各行业领域创新驱动发展中的重要支撑作用

在既定科技基础条件下，科技资源的开放共享程度与创新活动的创新效率正

相关。基于此，提升空天科技协同创新绩效水平，必须注重推进科技资源的开放共享和高效利用。深入推进科研设施与仪器开放共享，完善科研设施与仪器国家网络管理平台建设，建成跨部门、多层次的网络管理服务体系。强化管理单位法人主体责任，完善开放共享的评价考核和管理制度。以国家重大科研基础设施和大型科研仪器为重点，开展考核评价工作，对开放效果显著的管理单位给予后补助支持。积极探索仪器设施开放共享市场化运作新模式，培育一批从事仪器设施专业化管理与共享服务的中介服务机构。深化科技计划项目和科技创新基地管理中新购大型科学仪器设备购置必要性评议工作，从源头上杜绝仪器重复购置，提高科技资源配置的效益。

3. 强化各类国家科技创新基地对社会开放

健全科技创新基地开放共享制度，深化科技资源开放共享的广度和深度，把科技创新基地开放共享服务程度作为评估考核的重要指标。围绕重大科技创新活动、重大工程建设以及大众创新、万众创业的需求，推动各类科技创新基地开展涵盖检测、专家咨询、技术服务等方面的专题服务，充分发挥科技创新基地的公共服务作用。积极推动科学数据、实验材料共享服务。研究制定国家科学数据管理与开放共享办法，完善科学数据的汇集交流机制，在知识产权得到保障的前提下推进信息资源的共享。

## 三、进一步塑造具有独立市场主体地位的创新主体

企业是市场配置资源的微观主体，企业独立市场主体地位是市场在资源配置中起决定性作用的基础和前提。要通过增强各类创新主体，尤其是企业和科研院所的市场主体地位，为空天科技协同创新绩效的提升奠定坚实的微观基础。

### （一）进一步深化军工企业改革

当前，包括航天科技、航天科工在内的各大军工集团是空天技术与装备创新的主要力量，是各类先进技术转化为部队战斗力与社会生产力的桥梁。只有进一

步深化这类军工企业改革，进一步增强其市场主体地位，这些军工企业才可能真正成为研究与开发活动的主力军，空天科技发展与技术创新才能充满活力。新形势下全面深化国防科技工业体制改革，首要任务就是通过建立现代企业制度，把军工企业转变为具有独立利益的市场主体，即现代企业法人。可以考虑从以下几个方面开展具体工作。

一是以深化产权制度改革为切入点，通过股份制改造、增资扩股等多种方式，允许社会资本参股进入军品科研生产，实现军工企业投资主体多元化；二是以完善法人治理结构为出发点，深化军工企业内部改革，进一步理顺董事会、监事会、经理人之间的关系，消除"翻牌"公司，进一步理顺集团公司母体与下属公司之间的关系，确保子公司切实拥有独立的市场地位；三是以构建自主经营、自负盈亏的机制为重点，通过深化劳动、人事，尤其是分配制度改革，建立起包括激励和约束等机制在内的各种体制机制，促进军工企业成为自主发展、充满活力的市场。

在具体改革过程中，立足于增强军工企业独立市场地位这一目标，可以根据军工企业生产任务，以及对国防安全的重要程度的不同，分别采用不同的公司组织形式对军工企业进行改制，实现组织形式多样化。

## （二）进一步推动军工科研院所改革

军工科研院所在基础研究创新成果的空天领域现实应用方面，有着独特的优势，是空天科技协同创新绩效提升不可忽视的力量源。当前，我国军工科研院所基本上没有独立的市场主体地位，大多数还是军工企业集团的下属事业单位。按照新一轮国企改革方案，深化对军工企业和央企所属科研院所的改革，属于重要内容。做好这项工作，一方面要认识到其重要意义；要充分认识到，无论是对于增强包括空天科技研发在内的整个武器装备研制生产活力，还是对于降低研发成本，进一步推动军工科研院所改革都有重要意义；另一方面，也要看到这项改革涉及面广，各种关系错综复杂。为此，进一步推动军工科研院所改革，一是要坚持稳妥推进的原则，按照有利于强化企业的自主创新地位、有利于增强面向全行业的公共服务职能、有利于完成重点工程任务的原则，分类推进军工科研院所改革。二是要积极探索多种改制方式，可以根据军工科研院所的人员构成、科研实力，尤其是其主研方向与武器装备研制生产的紧密程度，划分改制方向。比如，对于从事通用性强，且在武器装备生产中居配套地位的科研院所，应尽快尽早企业化改制，使其以独立市场主体身份参与技术与产品研发。相反，对于与武器装备联系密切，或者具有明显公益性，市场没法独立解决提供的技术研发单位，则不转，或晚转；在具体转制中，要探索兼并重组、资产证券化等多种方式，切实提高转制效果。

### （三）营造充分有序竞争的军品科研生产氛围

充分和有序竞争是市场经济的基本特征，也是创新主体创新积极性的动力源泉。改革开放以来，尤其是近十几年来，我国武器装备科研生产基本形成了以军工科研生产单位为主体力量、中国科学院和地方研究型大学为重要力量、民营企业和其他地方科研生产单位为补充的格局，"小核心、大协作"的军品科研生产结构初步形成，有利于军方的竞争态势初步形成。但这种竞争与市场经济的内在要求相比，与提升创新绩效的要求相比，还有一定差距。

在新形势下，进一步加强军品科研生产竞争，一是适当扩大竞争范围。就是要在武器装备科研生产领域引进市场竞争机制，打破行业壁垒，允许非军工企业进入；就是要进一步打破技术之间的壁垒，重新界定军品科研生产的竞争主体，鼓励民口企业进入军品科研生产领域，消除军品科研生产的行业垄断局面。当前要着力推动"双证"合一，使有资格的民口企业也能承担军品科研生产。二是灵活运用竞争方式。就是要对不同的军工科研生产任务采取不同的竞争方式。对于战略地位极其重要、需要高度保密的研制项目要限制竞争，也就是采取垄断方式定点研制生产；对于基础技术和通用技术研究工作，以及通用技术较强的原材料、零部件配套生产应该实行充分竞争，选择尽可能多的、符合条件的科研生产单位同步展开。三是科学实施竞争管控。就是要对军品科研生产竞争进行评价和监督，避免无序竞争和"后垄断"现象。为了避免"后垄断"现象的产生，在大宗装备科研生产项目布局和定点时，应尽可能实行分项承包制，形成竞争制衡机制。

## ■ 四、进一步夯实空天科技协同创新能力生成的基础

在前面章节分析时，已经指出创新主体创新能力水平，尤其是其基础创新、知识创新能力与水平是空天科技协同创新能力提升的重要源泉，而高层次创新人才、特色优势学科、协同创新文化、科技基础条件等，无疑是决定和影响创新主体基础创新、知识创新能力与水平的关键因素，提升空天科技协同创新能力必须予以充分重视。

### （一）夯实协同创新的人才基础

人才和团队是协同创新的主体与载体。在科学研究日趋复杂的今天，依靠单个人实现创新突破已经越来越难，团队协作、共同努力已经成为大多数创新活动组织的基本要求。空天科技协同创新从创新主体组织角度看，是众多具有创新意识与能力的人的群众性活动，属于团队创新，其运行离不开具有团队精神的高层次创新人才。可以将具有自愿合作和协同努力的精神，具备较高的科研素质的人，称为具有团队精神的高层次创新人才。空天科技协同创新是一个艰苦的、复杂的过程，为确保其平稳运行，各创新主体要注重引进和培养人才，加强人力资源的培训和激励。

#### 1. 选择性引进

引进是高层次创新人才培养的重要方式。要结合开展的空天科技研制生产任务需要，有针对性地引进急需人才，在协同创新过程中进一步锤炼提升其能力水平和团队协作精神。在人才引进过程中，要注重按照知识结构差异化的原则，也就是综合考虑现有团队中成员的知识结构、技术水平，尽量有所差别，以提高协同创新效率①。另外，在引进时，要注重考核参加应聘人员是否具备团队合作精

---

① 根据 Nonaka 的创新理论，隐性知识的共享是创新的起点，不同个体（组织）间知识结构和认识模式的交集则是知识共享的平台，而知识结构的差异和互补性是创新的前提。因而，协同创新相关主体应该注重引进人员的价值观和组织文化及发展目标之间的匹配程度、知识结构的差异性和互补性、员工人格中的开放性，以及他们的自信程度和创新意识，而不是简单地把学历、经验及性别等显性指标作为首要的标准。

神，通过技术手段测试其性格特点，避免性格过于孤僻人员进入协同创新团队，为协同创新运行中生动活泼、和谐愉快氛围的形成打下人员基础。

**2. 在实践中培养**

磨炼出英才。包括具有团队精神在内的各类高层次创新人才往往都是在重大任务、重大创新活动中成长起来的。因此，在空天科技协同创新过程中，要有针对性地利用创新任务，加大人才的培养力度。在重要岗位上磨炼，有针对性地为具有潜质的创新人才培养对象提供重要创新岗位，给予其更多锻炼机会。在实施过程中，要注意破除论资排辈的传统观念，对年轻的科技骨干要大胆选拔培养，采取轮岗等多种方式使其有岗位历练机会；在重大创新活动中磨炼，在涉及重大型号论证、核心关键技术攻关等创新活动中，有意识、有针对性地安排培养对象参与历练，对于已经具备一定能力素质的人才要大胆地压担子、交任务，促进其能力与水平的进一步成长与提升。

**3. 在团队中培养**

在协同创新过程中，为追求协同效应，军地不同部门、不同领域的人才聚合到了一起，这就为培养具有团队精神的高层次创新人才提供了难得的机遇。军队和政府主管部门，要鼓励协同创新过程中组建创新团队、创新小组，各参与协同创新的科研院所、高校和企业要派出骨干人才积极参与，充分利用团队这一有效形式，培养团队型人才。军队与政府、科研院校与企业等各类协同创新主体必须有强烈的团队意识，采取创新文化在内的多种方法途径打造新的协同创新团队，持续增强已有协同创新团队的凝聚力、创新力；要在协同创新条件建设、创新团队人才结构调整、争取大项目、协同创新成果转化等方面给协同创新团队提供条件。协同创新涉及不同单位、不同学科专业，甚至不同国别人员合作研发，难免会有管理和利益上的矛盾，因此要注重加强对协同创新团队的日常管理，不断探索协同创新团队管理模式，保证协同创新团队能够高效运行，从而为创新型人才依托协同创新团队成长提供沃土。

### （二）夯实协同创新的学科基础

空天科技协同创新方向以宇航航天为主，具体涉及力学、电子、装备制造等诸多学科领域，这一点在协同创新组织成立之初就已经明确。本书研究的重点是空天科技协同创新系统的长期持续运行，其整体创新能力与水平的稳定增长，其创新绩效的持续改善，对协同创新组织内的学科发展方向凝练提出了要求。学科既是协同创新成果的一种体现，也是进一步提升空天科技协同创新能力与效率的基础与关键。在持续推进空天科技创新发展的过程中，参与协同的科研院所、高校甚至企业都必须重视学科方向与领域的选择，切实采取措施培育发展特色优势学科。

1. 注重加强基础学科建设

任何科学技术的发展都离不开基础学科。基础学科的研究与发展是一项长期的工作，虽然与工程技术学科相比，它没有那种立竿见影的效果，但基础学科发展得好坏，直接关系到技术应用学科是否有充分的发展潜力。基础学科建设从表面上看是一种吃力不讨好的工作，但它的发展却是应用学科的基石。因此，提高空天科技创新发展能力与水平，要重视加强基础学科和相关方向的研究。

2. 注重特色优势学科拓展

特色优势学科是指那些优势明显、特色鲜明、潜力较大的学科。借助特色优势学科的发展可以带动高校、科研院所等创新主体学科水平整体发展，显著提升整个创新主体的综合实力。结合参与空天科技协同创新的学科建设任务，高校与科研院所要有针对性地把特色优秀科研课题与方向的选择作为切入点，坚持先进性与可行性结合，坚定性与灵活性结合，不断进行总结与反思，在持续积累、大胆探索的基础上形成具有竞争力的学科方向。

（1）注重科研方向选择中的创造性、先进性和可行性

科研方向选择中的创造性、先进性与可行性直接决定各学科的特色。所谓创造性，是指在选择科研方向时要科学预测，把握相应领域的发展趋势与发展方向，使研究方向与空天科技发展中的重大问题相符合，研究成果对提升空天科技水平具有直接的价值；所谓先进性，是指在选择科研方向时要站在相应学科领域的发展前沿，把握科学技术在相应学科领域运用的前景，使研究方向具有一定的超前性；所谓可行性，是指在选择科研方向时要

充分考虑自身的科研实力，要一步一个台阶地去发展，使研究过程尽可能地优化有效。

（2）注重科研方向把握中的坚定性、灵活性和前瞻性

科研方向把握中的坚定性、灵活性和前瞻性，是使科研方向稳定而形成学科特色的前提。所谓坚定性，是指在选择科研方向后，要坚定地沿着既定的目标前进，在组织研究过程中注意把握研究的方向性，从而提高科研的效率和形成特定的研究方向；所谓灵活性，是指在组织科研活动中要根据军事斗争的发展实际，适时灵活地调整研究方向，始终把握军事斗争发展变化的脉搏，从而使科研的关注点始终保持在热点与重点上；所谓前瞻性，是指对科研方向的把握要站在更高层次上去思考问题，对于相应领域的发展趋势有着敏锐的反应能力，从而保持正确的科研方向。

（3）注重科研成果的梳理与积累

只有不断地进行总结与反思，才能知道自己的得失成败，才能明确自己的强点与弱点，才能在把握与保持研究方向过程中有的放矢，也才能把已经肯定的成果积累为学科的稳定研究方向。因此，在科研过程中要不断总结反思，经常梳理研究成果，对研究形势进行分析，从而为科学的研究方向打牢基础。

3. 注重新兴学科培育

事物总是在发展变化过程中，具有生命力的学科也是如此。随着人们对客观世界认识的深化与提高，当代学科的交叉、渗透、融合，促使新兴学科、交叉学科、边缘学科、综合学科大量涌现。作为高端前沿技术密集的行业，空天科技创新发展中的学科培育和领域拓展必须适应学科这种发展趋势，必须适应军队现代化建设需要，必须融入国家和军队发展的整体，提倡多学科交叉渗透、嫁接、催化、组装，发展新兴、边缘学科。为此，各创新主体要时刻保持对新涌现知识、新闪现技术和新产生事物保持高度关注，尤其要关注空天领域新兴学科的发展，充分研究各种新兴事物在空天领域中的应用。要注重通过解决实践中的问题，培育新的学科方向，也就是要采取新的科学技术理论和手段解决军队建设和发展中的诸多问题，要实现学科培育与部队战斗力提升的良性循环。此外，要努力营造

适合新兴交叉学科生长的环境,把握学科生长点,适时加以扶植,积极促进联合,有力地推动学科的发展。

## (三)夯实协同创新的文化基础

协同创新文化,是指以"创新"和"协同"为内核的文化价值体系,是崇尚创新与协同,鼓励协作攻关,宽容允许失败的价值观、理念、制度、环境和氛围,是各创新主体共同认同的,能够让具有不同利益追求、成长背景和能力水平的人形成合力的文化价值。协同创新文化是推动协同创新和空天科技协同融合创新发展的动力源泉,加强包括协同创新文化在内的创新文化建设是实施创新驱动发展战略的重要举措。培育协同创新文化,能够内塑精神、外树形象,进一步提升空天科技协同创新系统的软实力和核心竞争力,为协同创新效率的提升积蓄力量。实施空天科技协同创新,必须重视协同创新文化的建设与培育,切实采取措施促进大力协同、锲而不舍、容忍失败创新氛围的形成与发展。协同创新文化是一个复杂的系统,可以划分为精神文化、制度文化和物质文化三个层面,培育协同创新文化也要着重考虑这三个层面。

### 1. 精神文化培育

精神文化又可以称作观念文化,是协同创新价值观最直接的表现形式,决定着协同创新实践活动的走向,是协同创新文化建设的核心和灵魂。精神文化培育的内容丰富,具体如图7-1所示。

协同创新的成败及效率与协同创新主体,即从事知识创新活动的人的价值观密切相关,参与创新活动的个人的信仰信念、人格等都会影响到协同创新效率。在空天科技协同创新过程中,在协同创新文化培育中,必须注重培养研究人员强烈的创新欲望,求真务实、严谨治学的品质,协作与宽容的态度,以及坚忍不拔、持之以恒的毅力。创新思维,简单理解就是指突破旧概念束缚,树立新概念的一种思维方式与模式,衡量标准是产生新颖、独特、有价值的思维结果。创新思维贯穿于空天武器装备科研生产的全过程,从科研课题的立项,协同创新活动的开展,到协同创新成果的转化应用,都需要运用创新

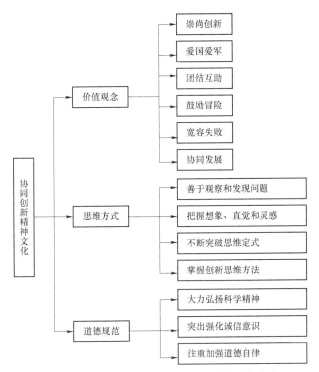

图 7-1　空天科技协同创新精神文化培育内容

思维①。着眼于提升协同创新绩效，在空天科技协同创新运行过程中，要注重培养激发创新人员善于观察和发现问题，激发其好奇心和兴趣，鼓励创新人员把握协同创新中的想象、直觉和灵感，不断提升突破思维定式的能力与水平。相比法规制度，道德是一种潜在的约束力。在协同创新过程中，道德这种潜在的约束力，对协同创新活动具有明显的支撑作用②，要发挥这种支撑作用，必须有针对性地在协同创新活动中大力弘扬科学精神，突出强化诚信意识，并通过制度设计、主

---

① 严格地说，创新思维不是一种思维形式，而是科学抽象思维、科学形象思维和科学直觉思维的综合。概括来说，创新思维可分为两种基本方式：发散思维和集中思维。知识创新和科学研究的过程，要经过从发散思维到集中思维，再由集中思维到发散思维，多次循环，直到问题解决或得到答案。创新思维的方法有很多，除发散思维与集中思维外，还有分析思维与综合思维，形象思维与灵感思维，顺向思维与逆向思维，群体思维法、交叉思维法、网状思维法、极限思维法、变换思维法、头脑风暴法，等等，所有这些，都值得我们在科学研究中借鉴和运用。

② 这种支撑作用体现在微观与宏观两个方面。微观上，个人良心之有意识的力量不断地外化而形成习俗（包括社会舆论、社会风气和风俗习惯等），成为无意识、下意识的力量，对创新形成虽然朦胧却更深、更普遍的认同和支持。当然这种支撑作用要真正发挥，还需要外部力量从道德上对创新给予激励和支持。

题教育等方式不断强化创新人员的道德自律。

2. 制度文化培育

制度文化就是空天科技协同创新运行过程中形成的以体制、机制、政策、规章等确定的制度环境，它对协同创新人员的思维、言行方式及生活行为习惯具有引领、约束和定型的作用。空天科技协同创新制度文化培育，就是要通过制定一系列制度文件、政策规定，然后在创新实践中检验运行，再根据运行情况有针对性地修订，如此反复。表面上这是一种循环，但在循环过程中，形成了较为规范的可以约束人的行为的制度文本，另外也形成了良好的制度环境氛围，从而达到了制度文化培育的目的。实现这一目的，要求军队和政府管理部门和各参与创新单位、协同创新实体，运用系统思维，着眼于协同创新活动开展设计制度，确保制度方案内容的统一性和层次性，确保能够形成一套制度体系，并且要通过实践运行检验设计方案，避免形式主义。在制度文化建设内容中，结合协同创新实践，着眼于空天科技创新发展，以系统思维的方式抓好协同创新文化中制度文化培育，尤其应该突出科研、人事和组织管理等三个方面的制度文化，进而有针对性地提升协同创新运行过程中科研、人事和组织管理三个重要方面的运行状况，为实现协同效应打下坚实基础。

3. 物质文化培育

协同创新中的物质文化①除了具有导向激励、规范言行和塑造人格等文化所具有的一般功能，更重要的是具有"熏陶与内化、审美与美育、启迪与自我教育"等特殊功能。在协同创新过程中，要赋予基础设施强烈的文化底蕴和思想内涵，就要注重构建富有内涵的文化设施，感染协同创新人员的思想，潜移默化地焕发出协同创新人员无穷的创新活力；在物质文化塑造过程中，要注重发动创新人员积极性，使之共同参与、创造、体验，一方面为周围设施打上人的烙印，使其成为文化的一部分，另一方面也在这一过程中接受熏陶与提升。这其中，要注重营造特定的协同创新文化空间，着力打造行为过程与审美思维的和谐统一，真正体

---

① 协同创新文化中的物质文化可以理解为是与协同创新活动相关的工作设施、生活条件和形象标识，是由优美的园区环境、便捷的信息交流、传神的形象设计、优质的后勤服务等构成的良好的环境和氛围，协同创新文化中的物质文化建设是体现协同创新理念、彰显组织人文情怀、展示创新组织与人员审美情趣、反映创新主体价值观念的有效载体和场景。参见：彭宗德. 大学物质文化建设 [J]. 黑龙江社会科学, 2008（1）: 191-192.

现物质文化促进协同创新效率提升的效果。

除以上概括的高层次创新人才、学科方向和协同创新文化外，空天科技协同创新系统平稳高效运行的条件还包括两用技术、通用质量标准、通用技术标准等共同的技术基础，通畅的信息网络设施等，所有这些构成一个整体，成为空天科技协同创新运行不可缺少的条件。

## ■ 五、本 章 小 结

运用前几章的研究成果，结合空天科技协同创新实践中存在的需要解决的问题，有针对性地提出空天科技协同创新能力提升的对策建议，具体包括：从提高思想认识、把握基本要求、抓住战略举措等三方面入手，进一步推动空天领域协同融合深度发展；通过国家顶层战略规划、战略性重大工程和科技专项实施、科技基础设施条件建设等方式，进一步加强对空天科技协同创新的统筹；通过进一步深化军工企业改革、推动军工科研院所改革、营造充分有序竞争的军品科研生产氛围等途径，进一步塑造具有独立市场主体地位的创新主体，营造有利于协同创新的市场氛围；从高层次创新人才培养、特色优势学科建设、协同创新文化培育等三个方面，进一步夯实空天科技协同创新主体基础研究、知识创新的能力与水平。

# 第八章

# 总结与展望

基于当前理论界关于协同创新的相关研究尚处于起步阶段，还没有形成深入系统的研究成果这一现状，本书系统分析了空天科技协同创新问题，回答和解决了"为什么""是什么"和"怎么办"等一系列基本理论问题，无论是对于完善协同创新理论，还是对于提高空天科技协同创新能力水平，加快我国空天科技创新发展，都有着重要的意义。

## 一、主 要 工 作

空天科技协同创新是一项复杂的系统工程，提升其创新能力水平涉及不同创新领域主体、客体等一系列复杂因素，同样是一项复杂的系统工程。基于此，本书运用系统论思想和融合发展、协同学、知识创新、创新生态系统等理论，对空天科技协同创新活动展开了深入分析，主要工作包括：

1. 梳理了国内外关于协同创新和融合发展的研究进展

为了找准研究突破口，增强研究针对性，本书运用科学图谱法对来自中文社会科学引文索引（CSSCI）数据库和 Web of Science 数据库的国内外协同创新和融合发展的研究进行了科学分析，在对协同创新国内外研究的演进路径、核心作者、关键文献、研究热点、前沿进行梳理的基础上，重点对理论界关于协同创新的内涵、模式、动力、机制，以及协同创新绩效评价等的相关研究进行了系统分析论述，有针对性地对理论界关于协同创新的研究进行了分析论述。通过研究，厘清了协同创新演化发展的理论脉络，把握了研究热点，找出了理论研究的薄弱环节。这不仅为本书研究奠定了基础，也为其他研究者进一步研究提供了方向指导。

2. 分析了我国空天科技协同创新的演化进程

以我国空天领域国防科技企业的技术创新为研究对象，通过对重要决策、组织领导、体制机制、重大技术创新等环节的演化分析，回顾了中华人民共和国建立以来，尤其是改革开放前我国空天科技协同创新经历从无到有，由小到大，由低到高，由弱到强，由简单到复杂，由单项到体系的发展过程，重点概括和总结了我国空天科技协同创新演化的经验，指明了新时代我国空天科技协同创新面临的挑战与机遇、存在和需要解决的现实问题。

3. 阐述了空天科技协同创新的基本理论

理论是行动的先导。为了确保后续运行分析和绩效评价研究有正确的理论指导，本书在对空天科技协同创新相关概念界定的基础上，对空天科技协同创新的内涵、特征、动因等进行了深入分析论述，构建了空天科技协同创新概念模型；运用系统论思想分析了空天科技协同创新系统的主体、客体和环境等三大要素，概括了空天科技协同创新系统具有的提升空天科技创新水平、提高创新资源配置利用效率和培育创新人才与创新文化等三大功能，分析了基于层次、时空和创新生态位的系统结构，基于职能域的"三域"并存，"三链"连接有机整体的运行原理，以及系统运行依赖的经济、政治、文化与社会环境。

4. 研究了空天科技协同创新系统的构建与运行

着眼于提高空天科技创新发展水平，为航天强国目标的实现奠定坚实基础，从指导思想、基本原则、建设目标与关键环节四个层面提出了构建空天科技协同创新系统的总体思路；在分析理论界已有研究成果的基础上，依据空天科技科研生产程序和协同创新内在要求，从政策引导、统筹协调、竞争激励、评价监督和成果转移等方面论述了空天科技协同创新的运行机制，构建了运行机制模型；在全面梳理协同融合、协同创新理论与实践模式，概括空天科技协同创新运行模式选择思路的基础上，构建了政府与军队"双方"主导，产业链、价值链、创新链

"三链"融合的多要素全面协同创新运行模式,并对这一模式在实践中具体开展应该坚持的原则进行了概括归纳。

5. 构建了空天科技协同创新绩效评价模型

在对空天科技协同创新绩效评价内涵剖析的基础上,提出了空天科技协同创新绩效评价理论指标体系,经过多轮专家访谈,构建了一个包括四个一级指标、15 个二级指标、30 多个三级指标在内的符合协同创新特点的绩效评价体系,在吸收借鉴各种评价方法优缺点的基础上,选择模糊层次分析法(F—AHP)构建了空天科技协同创新绩效评价模型,并运用模型小样本案例分析了三家航天类上市公司协同创新情况,并给出相应改进建议。

6. 概括了进一步增强空天科技协同创新能力与水平的对策

运用前几章的研究成果,结合空天科技协同创新实践中存在的需要解决的问题,有针对性地从进一步推动空天领域协同融合深度发展、进一步加强对空天科技协同创新统筹、进一步塑造具有独立市场主体地位的创新主体、进一步夯实能力水平和提升基础等四个方面,概括出了空天科技协同创新能力提升的对策建议。

# ■ 二、主要创新点

本书研究的创新点主要有:

1. 初步构建了空天科技协同创新的理论框架

运用文献研究法,从空天科技、融合发展、协同创新等基本概念界定出发,分析论述了空天科技协同创新的内涵、特征、动因,深化了对于空天科技协同创新内涵的理解与把握;运用系统理论,分析了空天科技协同创新的要素、结构、功能、环境及其运行,概括了空天科技协同创新要素结构模型,提出了空天科技协同创新层次、时空与创新生态位结构模型;基于演化分析与理论分析,系统提出了空天科技协同创新系统构建的总体思路,构建了空天科技协同创新绩效评价指标体系和评价模型,回答和解决了"是什么""为什么""怎么做""做得如何"等一系列理论问题，初步构建了空天科技协同创新的理论体系，为空天科技通过协同创新提升创新能力与水平奠定了理论基础。

2. 初步揭示了空天科技协同创新的运行机理

运用武器装备全寿命管理理论，基于职能域分析了空天科技协同创新系统的运行，提出空天科技协同创新系统涵盖科研域、生产域和保障域，贯穿产业链、价值链与创新链，在明确各职能域、各功能链的构成要素及其作用的基础上，初步构建了空天科技协同创新"三域""三链"的系统运行结构模型，回答与解决了空天科技协同创新系统能量、物质、信息交换互动的一般性原理。着眼于空天科技协同创新活动顺利开展和效能水平提升，分析揭示了空天科技协同创新运行所涉及的政策引导、统筹协调、竞争激励、评价监督和成果转移等五大机制，构建了基于这五个机制关系分析的空天科技协同创新运行机制模型，对于进一步认识和把握空天科技协同创新运行规律有指导和启示意义。

3. 分析提出了空天科技协同创新运行模式

在吸收借鉴理论界关于融合发展模式和协同创新模式研究成果和实践经验的基础上，结合空天科技创新发展特点，提出了构建政府与军队"双方"主导，产业链、价值链、创新链"三链"融合的多要素全面协同创新运行模式，并从政府主导、军事需求牵引、军地双重领导、计划与市场结合等方面论述了这种模式的具体运行，回答和解决了空天科技协同创新系统平稳持续运转应该具备什么样的条件，各创新要素之间如何相互联系、制约和作用，以及应该怎样组织管理等现实问题，有助于促进空天科技协同创新理论与现实的更紧密结合。

4. 研究构建了空天科技协同创新绩效评价指标体系

区别于一般绩效评价理论，本书从剖析绩效评价内涵入手，结合一般性的绩效影响因素分析，两者叠加构建了涵盖投入、产出和过程三个基本要素的空天科技协同创新绩效评价理论指标体系，丰富了理论界关于协同创新绩效评价指标体系构建的研究，也为实践中评估和改进空天科技协同创新绩效提供了理论视角与方法支撑。

5. 归纳提出了增加空天科技协同创新能力水平的对策措施

有针对性地从战略筹划、市场主体地位塑造、创新基础夯实等宏观、微观层面提出了增加空天科技协同创新能力水平的对策措施，对于相关部门政策决策有一定的借鉴与理论指导价值。

# ▨ 三、研 究 展 望

目前，理论界关于协同创新的研究还处于起步阶段，针对武器装备，尤其是某一具体领域武器装备协同创新的研究成果还非常少见。本书开展的一系列研究，仅仅是初步的、宏观的探索，在协同融合深度发展和创新驱动两大战略持续实施的大背景下，还有许多问题值得深入研究。

1. 研究的进一步系统化问题

空天科技协同创新是一项系统工程，包含要素复杂多样，涉及的活动错综复杂，需要和值得研究的问题很多。受篇幅和能力所限，本书以提升空天科技协同创新绩效水平为目标和主线，对空天科技协同创新的历史演化、基本理论、构建思路、运行机制与模式、绩效评价等问题进行了研究。很明显，这些研究还比较零散，系统性还不够，诸如空天科技协同创新的功能概括、面临的环境分析，尤其是运行结构等问题，还有待后续研究。

2. 研究的进一步细化和深化问题

受制于前期研究成果较少的客观情况，本书更多论述的是理论性的、宏观性的和普遍性的问题，结合空天科技创新发展实际有针对性的分析和研究还不够。比如结合武器装备发展全寿命周期理论，针对不同阶段协同创新的研究还仅仅是初步；比如，宏观分析了空天科技协同创新运行机制与运行模式，对于运行过程中伙伴选择、知识转移等深层次问题还没有涉及，或涉及的不多；还有对空天科技协同创新的组织领导问题，囿于改革以及保密原因，研究中也是一笔带过，没有深入分析。所有这些问题和不足都有待于后续研究。

3. 研究的进一步实证化问题

本书更多采用的是规范化的分析和研究方法，实证研究不足。集中表现在对于空天科技协同创新绩效的评价上，具体表现为选择的评价方法还比较单一，选择的样本量还比较小，代表性还不够强，等等。在后续研究中，还需要根据空天科技协同创新实践活动的开展，探索更为全面、科学、合理的评价指标体系和评价方法，构建更为客观、操作性更强的模型。

# 参考文献

[1] 国防科工局. 发展航天装备, 建设先进的航天科技工业体系 [J]. 国防科技工业, 2015 (6): 16-17.

[2] 薛捷, 张振刚. 国外产业共性技术创新平台建设的经验分析及其对我国的启示 [J]. 科学学与科学技术管理, 2016 (12): 87-92.

[3] 陈悦, 刘则渊. 悄然兴起的科学知识图谱 [J]. 科学学研究, 2005 (2): 149-154.

[4] 侯海燕, 刘则渊, 陈悦, 等. 当代国际科学学研究热点演进趋势知识图谱 [J]. 科研管理, 2006 (5): 90-96.

[5] 解学梅, 方良秀. 国外协同创新研究述评与展望 [J]. 研究与发展管理, 2015, (4) 16-24.

[6] PETER G. Swarm Creativity: Competitive Advantage Through Collaborative Innovation Networks [M]. Oxford: Oxford University Press, 2005.

[7] 王明辉, 陈扬. 纵向协同创新模式及实证分析 [J]. 现代管理科学, 2015 (9): 55-57.

[8] 王章豹. 产学研合作: 模式、走势、问题与对策 [J]. 科技进步与对策, 2000 (3): 115-117.

[9] 张展, 张洪娟. 协同创新模式研究综述 [J]. 沈阳大学学报 (社会科学版), 2015 (6): 752-756.

［10］ 曲洪建，拓中．协同创新模式研究综述与展望［J］．工业技术经济，2013
（7）：132－142．

［11］ HELLER M A，EISENBERG R S. Can Patents Deter Innovation？ The
Anticommons in Biomedical Research [J]. Science，1998，280（5）：698－701．

［12］ SANTORO M D，BIERLY PE. Facilitators of Knowledge Transfer in
University-Industry Collaborations：A Knowledge Based Perspective [J]. IEEE
Transactions on Engineering Management，2006，53（4）：495－507．

［13］ COHEN W M，NELSON R R，WALSH F P，etal. Link Sandimpacts：The
Influence of Public Research on Industrial R&D [J]. Management Science，
2002，48（1）：1－23．

［14］ 张米尔、武春友．产学研合作创新的交易费用［J］．科学学研究，2001，
19（1）：89－92．

［15］ 解学梅，左蕾蕾，刘丝雨．中小企业协同创新模式对协同创新效应的影
响——协同机制和协同环境的双调节效应模型［J］．科学学与科学技术管
理，2014，35（5）：72－81．

［16］ NARULA R. R&D Collaboration by SMEs：New Opportunities and Limitations
in the Face of Globalization [J]. Technovation，2004，24（2）：153－161．

［17］ CHIESA V，GIUA F，MANZINI R，etal. The Externalization of R&D Activities
and the Growing Market of Product Development Services [J]. R&D
Management，2004，34（1）：65－75．

［18］ FIAZ M. An Empirical Study of University-Industry R&D Collaboration in
China：Implications for Technology in Society [J]. Technology in Society，
2013，35（3）：191－202．

［19］ BJERREGAARD T. Industry and Academia in Convergence：Micro-institutional
Dimensions of R&D Collaboration [J]. Technovation，2010，30（2）：100－108．

［20］ 李新男．创新"产学研结合"组织模式，构建产业技术创新战略联盟［J］．中
国软科学，2007（5）：9－12，42．

［21］ 朱鹏．协同创新中心组织管理体系构建研究——基于利益相关者视角

[J]. 高教探索，2013（5）：15 – 18.

[22] 邵云飞，杨晓波，邓龙江，等. 高校协同创新平台的构建研究 [J]. 电子科技大学学报（社科版），2012（4）：85 – 90.

[23] COATES D. Sustaining Innovation：Collaboration Models for a Complex World，Innovation，Technology，and Knowledge Management [M]. Springer Science Business Media：LLC，2012.

[24] MATTM，SCHAEFFE RV. Technology Transfer in a Global Economy [M]. Springer Science + Business Media：NewYork，2012.

[25] NISHAAL Q, AOIFE H. A Tale of Two Literatures：Transaction Costs and Property Rights in Innovation out Sourcing [J]. Research Policy，2007，36（10）：1483 – 1495.

[26] SANTORO M D. GOPALAHRISHNAN S. The Institutionalization of Knowledge Transfer Activities within Industry-University Collaborative Ventures [J]. Journal of Engineering and Technology Management，2001，17（3）：299 – 319.

[27] WOII ，SIMON. Organizational Learning through University – Industry Research Cooperation. [C]. Proceedings of The 12th European Conference on Knowledge Management，2017（1 – 2）：1081 – 1087.

[28] PIERRE V. Identifying Collaborative Innovation Capabilities Within Knowledge-Intensive Environments：Insights from the Arpanet Project [M]. European Journal of Innovation Management，2012：152.

[29] 邓锐，徐飞. 产学研联盟动因和形成机理的博弈分析 [J]. 上海管理科学，2007（3）：10 – 12.

[30] 李祖超，梁春晓. 协同创新运行机制探析——基于高校创新主体的视角 [J]. 中国高教研究，2012（2）：85 – 88.

[31] 张哲. 基于技术扩散的产业集群创新动力研究 [J]. 山东社会科学，2009（2）：113 – 115.

[32] 周正，尹玲娜，蔡兵. 我国产学研协同创新动力机制研究 [J]. 软科学，

2013（7）：56－60.

［33］张方. 协同创新对企业竞争优势的影响——基于熵理论及耗散结构论
[J]. 社会科学家，2011，（8）：78－81.

［34］李久平，姜大鹏，王涛. 产学研协同创新中的知识整合——一个理论框架
[J]. 软科学，2013，27（5）：136－139.

［35］刘畅，李建华. 五重螺旋创新生态系统协同创新机制研究 [J]. 经济纵横，
2019（3）：128－134.

［36］BONACCORSI A，PICCALUGA. A Theoretical Framework for the Evaluation
of University-Industry Relationships [J]. R&D Management，1994，24（3）：
229－247.

［37］L Y S. The Sustain Ability of University-Industry Research Collaboration：A
Empirical Assessment [J]. The Journal of Technology Transfer，2010，25（2）：
111－133.

［38］周晓阳，王钰云. 产学研协同创新绩效评价文献综述 [J]. 科技管理研究，
2014（11）：45－49.

［39］MARKUS P，ANDY N, K W How Should Firms Evaluate Success in
University Industry Alliances？A Performance Measurement System [R]. R&D
Management 2011，41（2）：202－216.

［40］解学梅，方良秀. 国外协同创新研究述评与展望 [J]. 研究与发展管理，
2015，（4）16－24.

［41］张在群. 政府引导下的产学研协同创新机制研究 [D]. 大连：大连理工大
学，2013：7－8.

［42］ANKRAHS，AL-TABBAAO. Universities-Industry Collaboration：A Systematic
Review [J]. Scandinavian Journal of Management，2015（3）：387－408.

［43］PATRICIA M, NORMAN. Knowledge Acquisition，Knowledge Loss，and
Satisfaction in High Technology Alliances [J]. Journal of Business Research，
2004（57）：610－619.

［44］SPYROS A，N S，M W. Do Specific Forms of University-Industry Knowledge

Transfer Have Different Impacts on the Performance of Private Enterprises？A Nempirical Analysis Based on Swiss Firm Data [J]. The Journal of Technology Transfer，2008，33（5）：504－533.

［45］王帮俊，赵雷英．基于扎根理论的产学研协同创新绩效影响因素分析 [J]．科技管理研究，2017（11）．205－210.

［46］解学梅，霍佳阁，吴永慧. TMT 异质性对企业协同创新绩效的影响机理研究 [J]．科研管理，2019（9）：40－50.

［47］游光荣．国防科技创新体系的地位与作用 [J]．国防科技，2007（6）：45－46.

［48］梁海冰．中国特色国防研究 30 年：国防科技工业篇 [J]．军事历史研究，2008（3）：10－18.

［49］梁栋国．政府推动国防科技工业创新的职能分析 [J]．国防技术基础，2008（5）：3－7.

［50］曹亮，秦红燕．国防经济自主创新体系的构建及环境设计 [J]．军事经济研究，2009（2）：11－14.

［51］刘涛、郭世贞．武器装备技术创新体系建设研究 [J]．装备学院学报，2013（1）：53－56.

［52］国防科技创新体系研究课题组．对国防科技创新体系的基本认识 [J]．国防科技工业，2006（5）：40－42.

［53］刘威．基于要素共享的协同创新平台探讨军地协同创新体系 [J]．现代商贸工业，2017（26）：34－35.

［54］王兆耀．中国军事百科全书．军事航天技术分册 [M]．2 版．北京：中国大百科全书出版社，2009：319－320.

［55］H. 哈肯．协同学——自然成功的奥秘 [M]．上海：上海科学普及出版社，1988.

［56］J.A. 熊彼特．经济发展理论 [M]．北京：商务印书馆，1990.

［57］陈劲，阳银娟．协同创新的理论基础与内涵 [J]．科学学研究，2012（2）：161－164.

[58] 何郁冰. 产学研协同创新的理论模式 [J]. 科学学研究, 2012 (2): 165 - 174.

[59] 沙静波. 装备生命周期管理研究 [D]. 西安: 西北工业大学, 2005: 17.

[60] 颜晓峰. 创新研究 [M]. 北京: 人民出版社, 2011: 105 - 108.

[61] H. 哈肯. 协同学和信息: 当前情况和未来展望, 熵、信息与交叉科学——迈向世纪的探索和运用 [M]. 昆明: 云南大学出版社, 1994: 1.

[62] 曾健, 张一方. 社会协同学 [M]. 北京: 科学出版社, 2000: 33.

[63] H. 哈肯. 高等协同学 [M]. 北京: 科学出版社, 1989.

[64] 曾国屏, 苟尤钊, 刘磊. 从"创新系统"到"创新生态系统" [J]. 科学学研究, 2013 (1): 4 - 12.

[65] 董铠军, 杨茂喜. 浅析创新系统与创新生态系统 [J]. 科技管理研究, 2018 (14): 1 - 9.

[66] 中共中央文献研究室. 周恩来年谱 (1949 - 1976) 上 [M]. 北京: 中央文献出版社, 1998: 549.

[67] 聂荣臻. 聂荣臻军事文选 [M]. 北京: 解放军出版社, 1992: 3957.

[68] 编写组. 中国人民解放军军史 (第五卷) [M]. 北京: 军事科学出版社, 2011: 147.

[69] 周燕, 东宁. 从大渡河勇士到导弹司令——开国中将孙继先 [M]. 北京: 九州出版社, 2017: 281 - 282.

[70] 马洪, 房维中. 中国经济开发现在与未来 [M]. 北京: 经济管理出版社, 1993: 672.

[71] 石磊, 王春河, 张宏显, 等. 钱学森的航天岁月 [M]. 北京: 中国宇航出版社, 2013: 231.

[72] 编辑委员会. 当代中国的航天事业 [M]. 北京: 当代中国出版社, 2009: 13.

[73] 坚持创新驱动发展, 勇攀科技高峰, 谱写中国航天事业新篇章 [N]. 人民日报, 2016 - 04 - 25 (1).

[74] 国家科学技术奖励工作办公室. 创新之路国家最高科学技术奖获奖者的创新方法 [M]. 北京: 科学技术文献出版社, 2015: 139.

[75] 中国科学院院士工作局. 科学的道路（下卷）[M]. 上海：上海教育出版社，2005：1661.

[76] 编写组. 中国人民解放军军史（第五卷）[M]. 北京：军事科学出版社，2011：151-152.

[77] 石磊、王春河、张宏显. 钱学森的航天岁月 [M]. 北京：中国宇航出版社，2013：323-324.

[78] 上海交通大学钱学森研究中心编. 智慧的钥匙钱学森论系统科学 [M]. 上海：上海交通大学出版社，2015：26.

[79] 顾吉环，李明，涂元季. 钱学森文集（卷四）[M]. 北京：国防工业出版社，2012：287.

[80] 王建蒙. 奔月——中国探月工程总设计师孙家栋 [M]. 北京：当代中国出版社，2007：189.

[81] 涂元季. 一位科学家的马克思主义哲学观——读《钱学森书信》[J]. 北京大学学报（哲学社会科学版），2007（5）：149-150.

[82] 钱学森. 论系统工程 [M]. 长沙：湖南科技出版社，1982：138.

[83] 干勇，钟志华，李新男，等. 产业技术创新支撑体系的理论研究 [M]. 北京：经济管理出版社，2016：88-96.

[84] EVERETT M，ROGERS，REKHA A R. Communication in Organizations [M]. NewYork：The Free Press，1976：6.

[85] 李士，徐治立，李成智. 创新理论导论 [M]. 合肥：中国科学技术大学出版社，2009：94-95.

[86] 曹山河. 论创新主体与客体 [J]. 湖南社会科学，2007（1）：11-13.

[87] 王常先. 航天科技的性质及其效益分析 [C] //《航天技术与现代化》编委会. 航天技术与现代化. 北京：宇航出版社，1991.

[88] 李成智. 中国航天科技创新 [M]. 济南：山东教育出版社，2015：264-265.

[89] 王展飞. 马克思主义哲学原理 [M]. 昆明：云南教育出版社，2003：50.

[90] 许国志. 系统科学 [M]. 上海：上海科技教育出版社，2000：21.

[91] 李正风，曾国屏. 中国创新系统研究：技术、制度与知识 [M]. 济南：山

东教育出版社，1999.

[92] 张笑楠. 战略性新兴产业创新生态系统构建与运行机制研究 [J]. 技术与创新管理，2016（6）：596－600，618.

[93] 宋华文，孟冲. 武器装备质量管理体系一体化建设研究 [M]. 北京：国防工业出版社，2014：35.

[94] 董鸿波，韦国军. 国防科技重点实验室知识创新研究 [M]. 北京：电子工业出版社，2019：143－156.

[95] 全军军事术语管理委员会. 中国人民解放军军语（全本）[M]. 北京：军事科学出版社，2011：530，533，542.

[96] 幸世珍. 试论军工项目全过程管理 [J]. 科技咨询，2014（7）：160.

[97] 杨忠. 创新链研究：内涵、效应及方向 [J]. 南京大学学报（哲学·人文科学·社会科学），2019（5）：64－72，161.

[98] 李守伟，林霖琳，李备友. 基于 2011 计划的产业协同创新平台设计分析 [J]. 华东经济管理，2013（6）：49－54.

[99] 司尚奇，曹振全，冯锋. 研究机构和企业共生机理研究——基于共生理论与框架 [J]. 科学学与科学技术管理，2009（6）：15－19.

[100] 张笑楠. 战略性新兴产业创新生态系统构建与运行机制研究 [J]. 技术与创新管理，2016（6）：596－600，618.

[101] 吕鲲. 基于生态学视角的产业创新生态系统形成、运行与演化研究[D]. 长春：吉林大学，2019：56－61.

[102] 陈红花，尹西明，陈劲，王璐瑶. 基于整合式创新理论的科技创新生态位研究 [J]. 科学学与科学技术管理，2019（5）：5－18.

[103] 王斌，谭清美. 产业创新平台建设研究——基于组织、环境、规制及外围支撑的视角 [J]. 现代经济探讨，2013（9）：44－48.

[104] 龚毅，张慧，彭诗金，等. 产业共性技术创新平台的构建与实现研究[J]. 经济论坛，2013（4）. 104－107.

[105] 李焱焱，叶冰，杜鹃，等. 产学研合作模式分类及其选择思路 [J]. 科技进步与对策，2004（10）：98－99.

[106] 王文岩，孙福全，申强. 产学研合作模式的分类、特征及选择 [J]. 中国科技论坛，2008（5）：37－40.

[107] 杨美琴，薛希鹏. 产学研协同创新模式分类研究 [J]. 现代物流（中旬刊），2014（9）：68－70.

[108] 丁祺，张子豪. 产学研协同创新模式与利益机制构建 [J]. 中国高校科技，2018（7）：30－32.

[109] 曲洪建，拓中. 协同创新模式研究综述与展望 [J]. 工业技术经济，2013（7）：132－142.

[110] 白雪飞，王雪艳. 产学研协同创新运行模式及优化策略 [J]. 沈阳师范大学学报（社会科学版），2015（4）：54－57.

[111] 徐峰，封颖. 国外政府科技计划总体布局与组织管理相关问题探析 [J]. 科技进步与对策，2016（8）：7－11.

[112] 周海涛. 政府 R&D 资助对企业技术创新决策、行为及绩效的影响研究 [D]. 广州：华南理工大学，2016.

[113] BONACCORSI，A，PICCALUGA. A Theoretical Framework for the Evaluation of University-Industry Relationships [C]. R&D Management，24（3）：229－247.

[114] 张哲. 基于技术扩散的产业集群创新动力研究 [J]. 山东社会科学，2009（2）：113－115.

[115] 李祖超，梁春晓. 协同创新运行机制探析——基于高校创新主体的视角 [J]. 中国高教研究，2012（2）：85－88.

[116] 刘畅，李建华. 五重螺旋创新生态系统协同创新机制研究 [J]. 经济纵横，2019（3）：128－134.

[117] 潘锡杨. 高校协同创新机制与风险研究 [D]. 南京：东南大学，2015.

[118] 何建坤，孟浩，周立. 研究型大学技术转移及其对策 [J]. 教育研究，2007（8）：15－22.

[119] 司江伟，徐小峰. 企业研发人员创新绩效评价研究述评及展望——多维度个体评价研究的新进展 [J]. 中国科技论坛，2011（4）：128－134.

［120］高建，汪剑飞，魏平．企业技术创新绩效指标：现状、问题和新概念模型［J］．科研管理，2004（S1）：14-22．

［121］PHIL B. Measuring the Performance of Research Collaborations [J]. Measuring Business Excellence，2008，12（3）：16-23．

［122］张钦，周德群．国防科技工业创新型企业评价研究［M］．北京：科学出版社，2011：2-6．

［123］曹桂华，李登辉．基于熵值法的我国集成电路上市企业创新绩效评价实证研究［J］．理论月刊，2018（12）：145-152．

［124］马亚龙，邵秋峰，孙明，等．评估理论和方法及其军事应用［M］．北京：国防工业出版社，2013：48-49，101．

［125］周华任，张晟，穆松，等．综合评价方法及其军事应用［M］．北京：清华大学出版社，2015：27．

［126］乔哲．武器装备发展协同创新研究［D］．北京：装备学院，2015．

［127］朱巍，陈慧慧，安然．科技重大专项的内涵、实践及启示［J］．科技中国，2019（6）：39-46．

［128］翟宁，董鸿波．新形势下全面深化国防科技工业改革的思考［J］．产业与科技论坛，2018（9）：275-276．

［129］WAH，L. Making Knowledge Stick：No Knowledge Management Program Can Success Without a Shift In Corporate Culture [J]. Management Review，Vol.88（5）：24-29．

［130］金吾伦．创新的哲学探索［M］．上海：东方出版中心，2010：277-279．

［131］范跃进．论制度文化与大学制度文化建设［J］．山东理工大学学报（社会科学版），2004（3）：5-9．

# 空天科技协同创新绩效评价调查问卷

问卷说明：本问卷调查所获数据只限于航天工程大学《空天科技协同创新研究》撰写，问卷所涉及问题没有对错之分，只是想倾听您的真实想法、您的回答结论，研究过程中将完全保密。请您在相应选项前打"√"，非常感谢您的协助与支持！

## 一、个人信息

姓名：＿＿＿＿　单位（全称）：＿＿＿＿＿＿＿＿＿＿＿＿＿＿＿＿＿

1. 您在公司从事何种工作？

□管理工作；□技术工作；□理论研究工作；□使用维修工作；□教学工作

2. 您对协同融合协同创新相关理论与政策情况熟悉吗？

□熟悉；□比较熟悉；□基本熟悉；□不熟悉

3. 您对公司研制生产活动中的协同创新情况熟悉吗？

□熟悉；□比较熟悉；□基本熟悉；□不熟悉

## 二、请在对应等级的方框内打"√"。

1. 您认为中央层面对协同创新的推动作用如何？

□优秀；□良好；□一般；□差；□较差

2. 您认为您所在地的当地政府对协同创新的推动情况如何？

□优秀；□良好；□一般；□差；□较差

3. 您认为您所在公司对协同创新的推动情况如何？

□优秀；□良好；□一般；□差；□较差

4. 您认为您所在公司在协同创新战略规划方面的情况如何？

□优秀；□良好；□一般；□差；□较差

5. 您认为您所在公司在协同创新文化建设方面的情况如何？

□优秀；□良好；□一般；□差；□较差

6. 您认为您所在公司在已参加或构建的协同创新组织的结构合理性如何？

□优秀；□良好；□一般；□差；□较差

7. 您认为您所在公司在已参加或构建的协同创新组织的运行可靠性如何？

□优秀；□良好；□一般；□差；□较差

8. 您认为您所在公司在协同创新组织中的主导和协调作用发挥情况如何？

□优秀；□良好；□一般；□差；□较差

9. 您认为您所在公司在协同创新活动中沟通协调机制建设情况如何？

□优秀；□良好；□一般；□差；□较差

10. 您认为您所在公司在协同创新活动中统筹协调机制建设情况如何？

□优秀；□良好；□一般；□差；□较差

11. 您认为您所在公司在协同创新活动中竞争激励机制建设情况如何？

□优秀；□良好；□一般；□差；□较差

12. 您认为您所在公司在协同创新活动中创新成果转移机制建设情况如何？

□优秀；□良好；□一般；□差；□较差

13. 您认为您所在公司在协同创新活动中风险防范机制建设情况如何？

□优秀；□良好；□一般；□差；□较差

14. 您认为您所在公司在协同创新活动中利益分配机制建设情况如何？

□优秀；□良好；□一般；□差；□较差

15. 您认为您所在公司在创新人才队伍建设方面情况如何？

□优秀；□良好；□一般；□差；□较差

16. 您认为您所在公司在科研设施共享共用方面情况如何？

□优秀；□良好；□一般；□差；□较差

17. 您认为您所在公司在交叉学科培育方面重视程度如何？

□优秀；□良好；□一般；□差；□较差

18. 您认为您所在公司协同创新活动所取得的创新成果市场价值情况如何？

□优秀；□良好；□一般；□差；□较差

19. 您认为您所在公司协同创新活动所取得的创新成果军事效应情况如何？

□优秀；□良好；□一般；□差；□较差

20. 您认为您所在公司协同创新活动所取得的创新成果社会效益情况如何？

□优秀；□良好；□一般；□差；□较差

**三、您认为您所在公司在开展协同创新活动中，还有哪些方面可以改善？**

**四、您认为在提升空天科技协同创新能力方面还有哪些好的对策措施？**

# 后　记

这篇著作，是在相关课题研究基础上，吸收借鉴理论界已有研究成果撰写而成的。

感谢我的导师郑怀洲教授！导师身兼领导职务，事务繁忙，但从来没有放弃过对我的指导与关怀。导师的指导是高屋建瓴的，在强调军事装备学基本研究范式的前提下，给予了我充分的学术研究空间；导师的指导是细致入微的，从著作题目、观点的推敲，到著作中用词、格式的规范，都有着导师精到的点拨；导师的关怀是全方位的，无论是著作撰写时的困惑，还是工作生活上的迷茫，都得到过导师贴心的帮助。由衷地感谢这几年来导师为我所做的一切努力与付出。

感谢国防大学联合勤务学院李长海、曹裕华教授，感谢陆军装甲兵学院的郭齐胜、王宇教授，感谢航天工程研究所高欣研究员，感谢廖学军、柯宏发、侯兴明、廖兴禾、韦国军等教授，感谢在著作研究撰写过程中他们给予的悉心指导；感谢原装备试验系、航天保障系各位领导，感谢我教研室的各位同事，感谢他们给予的各种便利与包容。尤其是要感谢宋泽滨教授，在我求学、工作、生活等各个方面，都给予了莫大的帮助，在这里，对多年来宋教授为我成长进步所付出的努力表示最衷心的感谢！

感谢同门乔哲、吴溪、白宇，他们的研究成果给了我撰写著作众多启示。感谢与我一同入学的 2015 级所有博士研究生，感谢朱党明、杜智远、李炀等同一批入学的所有军事学学科的同学，感谢马瑾同学为著作撰写提供的信息与数据支持。同窗一起，时间短暂，但期间结下的友谊我将珍惜永远。

需要说明的是，著作的完成离不开一些人的直接参与，我的同事任玉彬，参与了空天科技协同创新系统运行机制部分的研究与撰写；我指导的徐军喜、胡蝶、王义、贺霄鹏、董在亮、张和、莫崎等研究生参与了相关研究工作，撰写了著作相关章节的部分内容。第一章第三节第一部分文献研究设计部分的研究思路及其表述，吸收借鉴了贺霄鹏毕业著作研究的阶段性成果，第七章第四节第一部分中协同创新人才培养的相关内容由贺霄鹏、董在亮撰写。教学相长，在这里对我所指导过的每一名研究生表示由衷的感谢。

今年是一个极为特殊的年份，是一个会对世界格局产生重大影响的年份，也是一个注定改变许多人生活方式的一年，很荣幸能在这样一个特殊的年份完成著作撰写。在此要感谢所有帮助、指导过我的人，祝愿你们永远平平安安、顺顺利利！

辛丑初春于翠明湖畔